合格するための

過去問題集

JN026259

Exercises in the Exam

よくわかる**簿記**シリーズ

建設業
経理士 **1**級

財務諸表

# はしがき

　本書は、今、建設業界で注目をあつめている資格「建設業経理士」の本試験過去問題集です。

　建設業経理士とは、ゼネコンをはじめとした建設業界において、簿記会計の知識の普及と会計処理能力の向上を図ることを目的として、国土交通大臣より認定された資格です。

　2級以上の建設業経理士は、公共工事の入札に関わる経営事項審査の評価対象となっており、建設会社における有資格者数はこの評価に直結するものとなっています。さらに近年、コスト管理の重要性が高まっていることから、有資格者の活躍の場は経理部門だけでなく各セクションへと広がっていくことが予想されています。

　一方、試験の内容を見てみると、日商簿記検定試験とその出題範囲や方式が類似しており、かつ、日商簿記検定試験ほど出題範囲が広くないことに気づきます。このため、短期間での資格取得が可能と言われており、業界への就職・転職を考えている方は、ぜひ取得しておきたい資格の一つといえるでしょう。

　学習にあたっては、本書ivページの「出題論点分析一覧表」にて頻出論点を確認し、それらについては必ず解答できるよう、本書で繰り返し演習してください。本書の解説「解答への道」は、TAC建設業経理士検定講座が講座運営を通じて培ったノウハウを随所に活かして作成しておりますので、きっと満足してご利用いただけるものと思います。

　読者の皆様が建設業経理検定の合格を勝ち取り、新たなる一歩を踏み出されますよう、心よりお祈りしております。


　令和5年5月

TAC建設業経理士検定講座

# 建設業経理検定はこんな試験

　建設業経理検定とは、建設業界における簿記検定として、会計知識と処理能力の向上を図るために実施されている資格試験です。

　試験の内容も「日商簿記検定試験」とその出題範囲や方式が類似していますので、短期間でのWライセンス取得、さらには税理士・公認会計士など簿記・会計系の上位資格へのステップアップと、その活用の場は広がっています。

| 主 催 団 体 | 一般財団法人建設業振興基金 |
|---|---|
| 受 験 資 格 | 特に制限なし |
| 試 験 日 | ９月、３月 |
| 試 験 級 | １級・２級（建設業経理士）<br>※他、３級・４級（建設業経理事務士）の実施があります。 |
| 申込手続き | インターネット・「受験申込書」郵送による手続き（要顔写真） |
| 申 込 期 間 | おおむね試験日の４カ月前より１カ月<br>※実施回により異なりますので必ず主催団体へご確認ください。 |
| 受 験 料<br>（１級・税込） | １科目：¥8,120　２科目：¥11,420　３科目：¥14,720<br>※申込書代金もしくは決済手数料¥320が含まれています。 |
| 問い合せ先 | （一財）建設業振興基金　経理試験課<br>TEL：03-5473-4581　URL：https://www.keiri-kentei.jp |

（令和５年５月現在）

## レベル（１級）

　上級の建設業簿記、建設業原価計算及び会計学を修得し、会社法その他会計に関する法規を理解しており、建設業の財務諸表の作成及びそれに基づく経営分析が行えること。

## 試験科目（１級）　※　試験の合格判定は、正答率70％を標準としています。

| 科　　　目 | 配　点 | 制限時間 |
|---|---|---|
| 財務諸表 | 100点 | １時間30分 |
| 財務分析 | 100点 | １時間30分 |
| 原価計算 | 100点 | １時間30分 |

## 合格率（１級財務諸表）

| 回　　　数 | 第23回<br>（平成30年３月） | 第24回<br>（平成30年９月） | 第25回<br>（平成31年３月） | 第26回<br>（令和元年９月） | 第27回<br>（令和２年９月） |
|---|---|---|---|---|---|
| 受験者数 | 1,715人 | 1,555人 | 1,612人 | 1,517人 | 1,697人 |
| 合格者数 | 457人 | 434人 | 393人 | 311人 | 410人 |
| 合 格 率 | 26.6％ | 27.9％ | 24.4％ | 20.5％ | 24.2％ |

| 回　　　数 | 第28回<br>（令和３年３月） | 第29回<br>（令和３年９月） | 第30回<br>（令和４年３月） | 第31回<br>（令和４年９月） | 第32回<br>（令和５年３月） |
|---|---|---|---|---|---|
| 受験者数 | 1,860人 | 1,728人 | 1,805人 | 1,687人 | 1,596人 |
| 合格者数 | 408人 | 481人 | 368人 | 357人 | 348人 |
| 合 格 率 | 21.9％ | 27.8％ | 20.4％ | 21.2％ | 21.8％ |

# 出題論点分析一覧表

第23回～第32回までに出題された論点は以下のとおりです。

## 第1問～第4問

理⇒第1問：記述問題・第2問：空欄記入問題・第3問：正誤問題　　計⇒第4問：個別計算問題

| 論　　点 | 23 | 24 | 25 | 26 | 27 | 28 | 29 | 30 | 31 | 32 |
|---|---|---|---|---|---|---|---|---|---|---|
| 企 業 会 計 原 則 | 理 | | 理 | 理 | 理 | | 理 | 理 | | 理 |
| 工 事 進 行 基 準 | | | | | | | | | | 理 |
| 収 益 ・ 費 用 | | | | | | | | | 理 | |
| 会計上の変更及び誤謬の訂正 | 理 | 理 | | | 理 | 計 | 理 | | | 理 |
| 株 主 資 本 等 変 動 計 算 書 | | | | | 計 | | | | | |
| キャッシュ・フロー計算書 | | | 理 | 理 | | | | | | 理 |
| 連 結 財 務 諸 表 | | 計 | | | | | 計 | | 理 | |
| 資 産 会 計 全 般 | 理 | | | | | | | 理 | 理 | |
| 棚 卸 資 産 | | | | | | | 理 | | | |
| 金 融 商 品 | | | | | 理 | | | | 計 | |
| 資 産 除 去 債 務 | | | | 計 | | | | | | |
| リ ー ス 会 計 | 計 | | | | | 理 | | 計 | | |
| 繰 延 資 産 | | | | | | | 理 | 理 | 理 | |
| 債権者持分と出資者持分 | | | | 理 | | | | | | |
| 負 債 会 計 全 般 | | | | 理 | 理 | | | | | 理 |
| 引当金（偶発債務を含む） | | | 理 | | | 理 | 理 | | | 理 |
| 退 職 給 付 会 計 | | | | | | | | 理 | 理 | |
| 純 資 産 （ 資 本 ） 会 計 | 理 | | | 理 | | 理 | 理 | 理 | 理 | |
| 共 同 企 業 体 | | | 計 | | 理 | | | | | 計 |
| 外 貨 換 算 会 計 | | | | | | | | 理 | | |
| 税 効 果 会 計 | | 理 | | | | | | | | |

## 第5問
（総合問題）

| 論　点 | 23 | 24 | 25 | 26 | 27 | 28 | 29 | 30 | 31 | 32 |
|---|---|---|---|---|---|---|---|---|---|---|
| 除却（臨時損失） | | | | | | ★ | ★ | | | ★ |
| 減損会計 | ★ | ★ | ★ | ★ | ★ | | | ★ | ★ | |
| 資産除去債務 | | ★ | | | | ★ | | | | ★ |
| リース取引 | | | | | ★ | | | | | |
| 現金預金 | | | | | | | ★ | | | |
| 有価証券 | ★ | ★ | ★ | ★ | ★ | ★ | ★ | ★ | | ★ |
| デリバティブ | ★ | | ★ | | | | | | | |
| 税効果会計 | ★ | ★ | ★ | ★ | ★ | ★ | ★ | ★ | ★ | ★ |
| 外貨換算 | | | | ★ | | | | ★ | ★ | |
| 社債 | | | | ★ | | | | | ★ | |
| 費用・収益の繰延べ・見越し | ★ | ★ | ★ | | | | | | | |
| 工事進行基準 | ★ | ★ | ★ | ★ | ★ | ★ | ★ | ★ | ★ | ★ |
| 貸倒引当金 | ★ | ★ | ★ | ★ | ★ | ★ | ★ | ★ | ★ | ★ |
| 完成工事補償引当金 | ★ | ★ | ★ | ★ | ★ | ★ | ★ | ★ | ★ | ★ |
| 退職給付引当金 | ★ | ★ | ★ | ★ | ★ | ★ | ★ | ★ | ★ | ★ |

# 本書の使い方

　過去問題は回数別に収録してありますので、時間配分を考えながら過去問演習を行ってください。解答にあたっては巻末に収録されている「解答用紙」を抜き取ってご利用ください（「サイバーブックストア〈https://bookstore.tac-school.co.jp/〉」よりダウンロードサービスもご利用いただけます）。また、解答用紙の最後にあるチェック・リストを活用し、過去問演習を繰り返すことで、知識を確かなものにしてください。

　なお、iv〜vページに過去の「出題論点分析一覧表」がありますので、参考にしてください。

---

## 第23回　問　題

制限時間 90分

| | |
|---|---|
| 解　答 | 45 |
| 解答用紙 | 3 |

**第1問**（20点）　費用配分の原則に関する次の問に解答しなさい。各問ともに指定した字数以内で記入すること。

問1　この原則の意味を説明しなさい。（200字以内）
問2　この原則が企業会計上重視される理由を説明しなさい。（300字以内）

**第2問**（14点）　次の文中の ☐ の中に入れるべき最も適当な用語を下記の〈用語群〉の中から選び、その記号（ア〜タ）を解答用紙の所定の欄に記入しなさい。

　財務諸表の作成にあたって採用した会計処理の原則および手続きを ☐1 という。☐1 の変更があった場合、原則として、新たな ☐1 を過去の財務諸表に遡って適用していたかのように会

---

第**2**部 解答・解答への道編

## 第23回　解　答

問　題　2

解

答

**第1問** 20点　解答にあたっては、各問とも指定した字数以内（句読点を含む）で記入すること。

問1

第23回

|  |  | 10 |  |  | 20 | 25 |
|---|---|---|---|---|---|---|

| 費 | 用 | 配 | 分 | の | 原 | 則 | は | 、 | 資 | 産 | の | 取 | 得 | 原 | 価 | を | 、 | 所 | 定 | の | 方 | 法 | に | 従 |
|---|---|---|---|---|---|---|---|---|---|---|---|---|---|---|---|---|---|---|---|---|---|---|---|---|
| い | 、 | そ | の | 資 | 産 | の | 効 | 用 | の | 減 | 少 | の | 程 | 度 | を | 反 | 映 | す | る | よ | う | に | 、 | そ ❷ |
| の | 利 | 用 | 期 | 間 | お | よ | び | 消 | 費 | 期 | 間 | に | お | い | て | 、 | 費 | 用 | と | し | て | 計 | 画 | 的 |
| 、 | 規 | 則 | 的 | に | 配 | 分 | す | る | こ | と | を | 要 | 請 | す | る | 規 | 範 | 理 | 念 | で | あ | る | 。 ❹ | |
| 5 こ | の |  |  |  | 資 | 産 | に | 適 | 用 | さ | れ | る | も | の | で | は |  |  |  |  |  |  |  | |
| 化 | さ | れ | る | 資 | 産 | で | あ | る | 費 | 用 | 性 | 資 | 産 | に | つ | い | て | の | み | 適 | 用 | さ | れ | 、 |

> 解答は太字で示しています。

> 予想採点基準を示しています。解き終わったら採点をしてみましょう。

### 第1問● 記述問題（費用配分の原則）

#### 問1　費用配分の原則の意味

　費用配分の原則とは、資産の取得原価をその利用期間および消費期間において、費用として計画的、規則的に配分することを要請する規範理念であり、棚卸資産、有形固定資産、無形固定資産、繰延資産等の費用性資産についてのみ適用される。

#### 問2　費用配分の原則が企業会計上重視される理由

　費用配分の原則が、企業会計上重要な原則である理由は、費用の金額を決定す（~~~）同時に、資産の金額を決定する評価原則でもあり、損益計算書と貸借対照表の両者にかかわっているからである。

> 適宜、図解や表を入れ、わかりやすく説明しています。

| 取 得 原 価 | → | 費 用 配 分 額 | 損益計算書に記載 |
| | → | 残　　　　額 | 貸借対照表に記載 |

### 第2問● 空欄記入問題（記号選択）

　会計上の変更および過去の誤謬の訂正があった場合には、原則として次のように取り扱う。

| | | 原則的な取扱い | |
|---|---|---|---|
| 会計上の変更 | 会 計 方 針 の 変 更 | 遡及処理する | 遡及適用 |
| | 表 示 方 法 の 変 更 | | 財務諸表の組替え |
| | 会計上の見積りの変更 | 遡及処理しない | 当期または当期以後の財務諸表に反映させる |
| 過 去 の 誤 謬 の 訂 正 | | 遡及処理する | 修正再表示 |

（注1）「会計方針」とは、財務諸表の作成にあたって採用した会計処理の原則および手続をいう。

（注2）「会計上の見積り」とは、資産および負債や収益および費用などの額に不確実性がある場合において、財務諸表作成時に入手可能な情報にもとづいて、その合理的な金額を算出することをいう。

（注3）「誤謬」とは、原因となる行為が意図的であるか否かにかかわらず、財務諸表作成時に入手可能な情報を使用しなかったことによる、またはこれを誤用したことによる誤りをいう。

（注4）遡及処理とは、①新たな会計方針や表示方法を過去の財務諸表にさかのぼって適用していたかのように会計処理し、表示の方法を変更すること、または、②過去の財務諸表における誤謬の訂正を財務諸表に反映することをいう。

（注5）修正再表示とは、過去の財務諸表における誤謬の訂正を財務諸表に反映することをいう。

**48**

# 目次

●はしがき‥‥‥‥‥‥‥‥‥‥‥‥‥‥‥‥‥‥‥‥‥‥‥‥‥‥‥‥‥‥‥‥‥‥‥ ii

●建設業経理検定はこんな試験‥‥‥‥‥‥‥‥‥‥‥‥‥‥‥‥‥‥‥‥‥ iii

●出題論点分析一覧表‥‥‥‥‥‥‥‥‥‥‥‥‥‥‥‥‥‥‥‥‥‥‥‥ iv

●本書の使い方‥‥‥‥‥‥‥‥‥‥‥‥‥‥‥‥‥‥‥‥‥‥‥‥‥‥‥ vi

|      | 第1部 問題編 | 第2部 解答・解答への道編 | | 別冊 |
|------|:---:|:---:|:---:|:---:|
|      | 問題 | 解答 | 解答への道 | 解答用紙 |
| 第23回 | 2 | 45 | 48 | 3 |
| 第24回 | 6 | 53 | 56 | 6 |
| 第25回 | 10 | 61 | 64 | 9 |
| 第26回 | 14 | 70 | 73 | 12 |
| 第27回 | 18 | 78 | 81 | 15 |
| 第28回 | 22 | 86 | 89 | 18 |
| 第29回 | 26 | 95 | 98 | 21 |
| 第30回 | 30 | 103 | 106 | 24 |
| 第31回 | 34 | 111 | 114 | 27 |
| 第32回 | 38 | 120 | 123 | 30 |

```
今後の検定日程

●第33回建設業経理士検定試験
令和 5 年 9 月 10日（日）

検定ホームページアドレス
https://www.keiri-kentei.jp
```

# 第1部

## 問題編

**第1問**
（20点）

費用配分の原則に関する次の問に解答しなさい。各問ともに指定した字数以内で記入すること。

問1　この原則の意味を説明しなさい。（200字以内）
問2　この原則が企業会計上重視される理由を説明しなさい。（300字以内）

**第2問**
（14点）

次の文中の ☐ の中に入れるべき最も適当な用語を下記の〈用語群〉の中から選び、その記号（ア～タ）を解答用紙の所定の欄に記入しなさい。

　財務諸表の作成にあたって採用した会計処理の原則および手続きを 1 という。 1 の変更があった場合、原則として、新たな 1 を過去の財務諸表に遡って適用していたかのように会計処理を行わなければならないが、これを 2 という。

　会計基準・法令等の改正または会計事象等を財務諸表に適切に反映するために、財務諸表の表示方法を変更した場合、新たな表示方法を過去の財務諸表に遡って適用していたかのように表示を変更しなければならないが、これを 3 という。

　過去の財務諸表における 4 の訂正を財務諸表に反映することを 5 という。過去の財務諸表における 4 が発見された場合には、それが財務諸表の表示期間より前の期間に関する 5 の累積的影響額は、表示する財務諸表のうち、 6 期間の期首の資産、負債および純資産の額に反映する。そして、表示する過去の各期間の財務諸表には、当該各期間の影響額を反映する。

　会計上の 7 の変更は、それが、当期のみに影響する場合には当期に会計処理を行い、将来の期間にも影響する場合には将来にわたり会計処理を行う。

〈用語群〉
　ア　修正再表示　　イ　遡及適用　　　　ウ　項目　　　　エ　会計原則
　オ　見え消し　　　カ　誤記　　　　　　キ　誤謬　　　　ク　瑕疵
　コ　早期適用　　　サ　会計方針　　　　シ　直近の　　　ス　最も古い
　セ　会計慣習　　　ソ　財務諸表の組替え　タ　見積り

2

**第3問**
（16点）

以下の各文章について、財務会計に関するわが国の基本的な考え方に照らして、正しいものには「Ａ」、誤ったものには「Ｂ」を解答用紙の所定の欄に記入しなさい。

1．企業会計原則では、株主資本を資本金と剰余金に区別するとともに、剰余金を資本剰余金と利益剰余金の２つに分けている。会社計算規則などの現行会計制度は、資本剰余金は資本準備金とその他資本剰余金に、利益剰余金は利益準備金とその他利益剰余金に、さらに細かく区分している。

2．株式会社は、その設立時に、定款に定められた発行可能株式総数の４分の１以上の株式を発行しなければならないが、証券会社の事務手数料等、この発行に要した諸経費は株式交付費として処理する。株式交付費は支出時に費用として処理することを原則とするが、これを繰延資産として３年内に償却することが実務上認められている。

3．資本と利益を区別するため、会社法上、資本準備金およびその他資本剰余金は、株主総会の決議によって資本金に組み入れることが認められているが、利益準備金およびその他利益剰余金については資本金組入れが禁じられている。

4．株式の払込金額のうち、資本金に組み入れられなかった部分は、原則として資本準備金として積み立てなければならないが、準備金総額が資本金額の４分の１を超過している場合には、その他資本剰余金としてもよい。

5．積立金は、その取崩が会社の純資産の額の減少を前提にするか否かを基準に、消極性積立金と積極性積立金の２つに分類される。これらのうち前者は、その目的取崩が純資産の額の減少を前提とするもので、後者は前提としないものである。

6．会社法上、剰余金の額はその他資本剰余金の額とその他利益剰余金の額の合計額である。したがって、分配可能額の範囲内であれば、利益配当以外に、払込資本であるその他資本剰余金の株主への配当も、剰余金の配当として認められている。

7．取得した自己株式は、取得原価をもって純資産の部の株主資本から控除される。なお、取得に要した付随費用は、取得原価に含める。

8．新株予約権の発行に伴う払込金額は、純資産の部に「新株予約権」として計上し、権利が行使されずに権利行使期間が到来したときには、資本金または資本金および資本準備金に振り替える。

**第4問**
（14点）

当社（決算日：毎年３月31日）は、次の条件でＡリース会社から機械装置をリースした。下の問に解答しなさい。なお、使用する勘定科目は下記の〈勘定科目群〉から選び、その記号（ア〜ス）と勘定科目を書くこと。

〈条件〉

1．所有権移転条項、割安購入選択権ともになし。

2．解約不能のリース取引で契約期間は10年である。

3．リース料の総額は¥24,000,000で、支払いは１年分のリース料（均等額）を毎期末日に現金で支払う。なお、リース料に含まれる利息相当額は¥2,400,000である。

4．リース取引開始日は平成×1年４月１日である。

5．リース物件（機械装置）の経済的耐用年数は12年である。

6．当社の減価償却方法は定額法（残存価額は取得原価の10％）である。

7．リース料に含まれる利息相当額¥2,400,000は定額法により各期に配分する。

問1　リース取引開始日（平成×1年4月1日）の仕訳を答えなさい。
問2　平成×2年3月31日におけるリース料支払いの仕訳を答えなさい。
問3　平成×2年3月31日決算時の仕訳を答えなさい。
問4　条件1を変更し、「リース物件の所有権は、リース期間終了時に賃借人に移転する。」とした場合、平成×2年3月31日決算時の仕訳を答えなさい。

〈勘定科目群〉

| | | | | | | | |
|---|---|---|---|---|---|---|---|
| ア | 現金預金 | イ | 支払手形 | ウ | 支払利息 | エ | 支払手数料 |
| オ | 未成工事支出金 | カ | リース資産 | キ | 前払費用 | ク | 減価償却費 |
| コ | リース料 | サ | リース債務 | シ | 減価償却累計額 | ス | 減損損失 |

**第5問**
**(36点)**
　　次の〈決算整理事項等〉に基づき、解答用紙に示されている広島建設株式会社の当会計年度（平成×2年4月1日～平成×3年3月31日）に係る精算表を完成しなさい。
　　なお、計算過程で端数が生じた場合は、千円未満の端数を切り捨てること。また、整理の過程で新たに生じる勘定科目で、精算表上に指定されている科目は、そこに記入すること。

〈決算整理事項等〉
(1)　機械装置は、平成×0年4月1日に取得したものであり、取得した時点での条件は次のとおりである。
　　　　取得原価　40,000千円　　残存価額　ゼロ　　耐用年数　10年　　減価償却方法　定額法
　　この資産について、期末に減損の兆候が見られたため、割引前のキャッシュ・フローの総額を見積もったところ、26,000千円であった。また、割引後のキャッシュ・フローの総額は23,200千円と算定され、これは正味売却価額よりも大きかった。なお、減価償却費は未成工事支出金に計上し、減損損失は機械装置減損損失に計上すること。
(2)　有価証券はすべてその他有価証券であり、期末の時価は2,050千円である。税率を40％として税効果会計を適用する。
(3)　買建オプションは、上記(2)の有価証券（すべて株式）の価格変動リスクをヘッジするために、平成×0年5月1日に日経平均先物プット・オプションを買い建て、オプション料120千円を支払っていたものであるが、期末時価が350千円となった。当該取引はヘッジ会計の要件を充たしているので、繰延ヘッジにより会計処理する。なお、税率を40％として税効果会計を適用する。
(4)　退職給付引当金への当期繰入額は2,380千円であり、このうち1,720千円は工事原価、660千円は販売費及び一般管理費である。なお、現場作業員の退職給付引当金については、月次原価計算で月額130千円の予定計算を実施しており、平成×3年3月までの毎月の予定額は、未成工事支出金の借方と退職給付引当金の貸方にすでに計上されている。この予定計上額と実際発生額との差額は工事原価に加減する。
(5)　期末時点で施工中の工事は次の工事だけであり、収益認識は、原価比例法による工事進行基準を適用している。
　　　工事期間は3年（平成×1年4月1日～平成×4年3月31日）、工事収益総額は800,000千円、工事原価総額の見積額は550,000千円で、着手前に前受金として400,000千円を受領している。

当期末までの工事原価発生額は、第１期が181,500千円、第２期が208,500千円であった。第２期末に工事原価総額の見積りを、600,000千円に変更した。

(6) 受取手形と完成工事未収入金の期末残高に対して２％の貸倒引当金を設定する（差額補充法）。このうち1,100千円については税務上損金算入が認められないため、税率を40％として税効果会計を適用する。

(7) 借入金5,000千円は、平成×2年12月１日に年利３％、返済期日平成×3年11月30日の条件で借り入れたものであり、利息は返済日に１年分を一括して支払う。当期分の支払利息を月割り計算で計上する。

(8) 当期の完成工事高に対して0.5％の完成工事補償引当金を設定する（差額補充法）。

(9) 法人税、住民税及び事業税と未払法人税等を計上する。なお、税率は40％とする。

(10) 税効果を考慮した上で、当期純損益を計上する。

制限時間 90分

**第1問**
（20点）

「会計上の変更及び誤謬の訂正に関する会計基準」に基づいて次の問に解答しなさい。各問ともに指定した字数以内で記入すること。

問1　当初の減価償却計画の決定において見積もった有形固定資産の耐用年数に変更が生じた場合、どのような会計処理を行えばよいか説明しなさい。（200字以内）

問2　例えば、定率法から定額法への変更のように、減価償却方法を変更した場合の会計処理と、そのような会計処理を行う理由を説明しなさい。（300字以内）

**第2問**
（14点）

次の文中の ☐ の中に入れるべき最も適当な用語を下記の〈用語群〉の中から選び、その記号（ア～タ）を解答用紙の所定の欄に記入しなさい。

　企業の法人税等の額は、企業会計上の確定した決算における当期純利益を基礎として計算されるが、これを ☐ 1 ☐ 主義という。しかし、企業会計と課税所得計算とはその目的を異にするため、収益（益金）・費用（損金）の認識時点や資産・負債の額に違いが生じるのが普通である。税効果会計とは、法人税等を控除する前の当期純利益と法人税等とを合理的に対応させることを目的とする会計である。このような税効果会計の方法には、理論上、 ☐ 2 ☐ 法と ☐ 3 ☐ 法とがある。

　☐ 2 ☐ 法は、当期の損益計算において、税引前当期純利益に比例した合理的な法人税等費用額を計上することを目指す。会計上の収益・費用の額と税務上の益金・損金の額との差額のうち、損益の期間帰属の相違によるものを ☐ 4 ☐ 差異というが、この差異により繰延税金が資産または負債として貸借対照表に計上される。

　会計上の資産・負債額と税務上の資産・負債の額との差額を ☐ 5 ☐ 差異という。この差異のほとんどは ☐ 4 ☐ 差異によるものであるが、それ以外にも生じるとされる。 ☐ 3 ☐ 法は、このような ☐ 5 ☐ 差異を考慮して、法人税等を適切に期間配分することにより、各期に合理的な法人税等調整額を計上することを目指す。 ☐ 3 ☐ 法では、法人税等について税率変更があった場合、繰延税金の額を修正 ☐ 6 ☐。

〈用語群〉

| | | | | | | | |
|---|---|---|---|---|---|---|---|
| ア | 資産負債 | イ | 当期業績 | ウ | 純資産 | エ | 企業決算 |
| オ | 見越 | カ | 包括 | キ | 期間 | ク | 収益費用 |
| コ | 繰延 | サ | 確定決算 | シ | 認識 | ス | 一時 |
| セ | 帰属 | ソ | する | タ | しない | | |

**第3問**
**(16点)**

財務会計に関するわが国の基本的な考え方に照らして、以下の会計処理のうち、認められるものには「A」、認められないものには「B」を解答用紙の所定の欄に記入しなさい。

1. 先に購入していた工事用原材料の運賃を運送会社から請求され支払ったが、金額的に重要ではないと合理的に判断したので、原材料の購入原価に含めないこととした。

2. 期首に、従業員の給与計算事務の時間的ならびに経済的負担軽減を目的として専用のソフトウェアを購入し、その目的は十分に達成されており、次期以降も利用することが予定されている。当該ソフトウェアの購入費の全額を当期の費用として損益計算書に計上した。

3. 当期首に機械装置（経済的耐用年数10年）をリースで借用し（リース期間8年）、同日より使用を開始した。契約条件により、当該リース物件の所有権は、リース期間終了時に当社に移転する。決算にあたり、当該リース物件をリース期間である8年を耐用年数として減価償却を行った。

4. 工事用の機械を購入するにあたり銀行から資金を借り入れた。借入に対する支払利息を付随費用として、当該機械の取得原価に含めることとした。

5. 当期（決算は毎年3月31日）に社債（償還期間3年）を発行し、その際に募集広告費等を支出した。これを社債発行費として繰延処理し、5年で償却することとした。

6. 保有している満期保有目的の債券についてデリバティブ取引によりヘッジを行ってきたが、ヘッジ対象の時価の上昇が極めて大幅になったため、当該ヘッジ手段はヘッジの要件を充たさなくなった。このため、繰り延べてきたヘッジ手段に係る損失を全額当期の費用として計上し、ヘッジ会計の適用を中止した。

7. 在外子会社の財務諸表の換算に際して換算差額が生じたので、為替換算調整勘定として、連結貸借対照表のその他の包括利益累計額の部に計上した。

8. 主要材料の原価は￥215,800、時価は￥214,800、補助材料の原価は￥58,200、時価は￥56,700、貯蔵品の原価は￥38,500、時価は￥39,300であったので、棚卸資産評価損￥1,700を計上した。なお、当社は棚卸資産の評価に関して、棚卸資産全体を評価単位とする一括法を採用している。

**第4問**
**(14点)**

次の〈資料〉に基づき、下の問に解答しなさい。

〈資料〉

平成×1年4月1日にP株式会社は、S株式会社の発行済株式の60％を12,000千円で取得し、S株式会社を子会社とした。同日における両社の貸借対照表は、次のとおりである。なお、S株式会社の資産の時価は38,000千円であり、負債の時価は24,000千円である。

貸借対照表
P株式会社　　平成×1年4月1日現在　　（単位：千円）

| | | | |
|---|---|---|---|
| S社株式 | 12,000 | 諸負債 | 52,000 |
| その他諸資産 | 73,000 | 資本金 | 25,000 |
| | | 利益剰余金 | 8,000 |
| | 85,000 | | 85,000 |

貸 借 対 照 表

S株式会社 　　平成×1年4月1日現在 　　（単位：千円）

| 諸資産 | 35,000 | 諸負債 | 23,000 |
|---|---|---|---|
| | | 資本金 | 10,000 |
| | | 利益剰余金 | 2,000 |
| | 35,000 | | 35,000 |

問1　全面時価評価法による場合に認識すべき評価差額の金額を計算しなさい。

問2　連結財務諸表に計上される非支配株主持分の金額を計算しなさい。

問3　連結財務諸表に計上されるのれんの金額を計算しなさい。

---

**第5問** **(36点)**　次の〈決算整理事項等〉に基づき、解答用紙に示されている香川建設株式会社の当会計年度（平成×2年4月1日～平成×3年3月31日）に係る精算表を完成しなさい。

なお、計算過程で端数が生じた場合は、千円未満の端数を切り捨てること。また、整理の過程で新たに生じる勘定科目で、精算表上に指定されている科目は、そこに記入すること。

〈決算整理事項等〉

(1)　機械装置のうち10,000千円（耐用年数 10年、残存価額 ゼロ、減価償却方法 定額法）は当期首に現金で購入したものであるが、当該機械装置は、使用終了後に設備を除去する法的義務があり、除去に要する支出額は1,000千円と見積もられる。購入時に資産除去債務については未処理であったので修正する。なお、割引率は2％なので、10年の現価係数0.820を使用すること。

また、当該機械装置の減価償却を行い、減価償却費を未成工事支出金に計上するとともに、時の経過による資産除去債務の調整額は利息費用に計上すること。

(2)　上記(1)以外の機械装置は、平成×0年4月1日に取得したものであり、取得した時点での条件は次のとおりである。

取得原価 30,000千円　　残存価額 ゼロ　　耐用年数 10年　　減価償却方法 定額法

この資産について、期末に減損の兆候が見られたため、割引前のキャッシュ・フローの総額を見積もったところ、19,500千円であった。また、割引後のキャッシュ・フローの総額は18,030千円と算定され、これは正味売却価額よりも大きかった。なお、減価償却費は未成工事支出金に計上し、減損損失は機械装置減損損失に計上すること。

(3)　有価証券はすべてその他有価証券であり、期末の時価は2,700千円である。税率を30％として税効果会計を適用する。

(4)　退職給付引当金への当期繰入額は1,780千円であり、このうち1,530千円は工事原価、250千円は販売費及び一般管理費である。なお、現場作業員の退職給付引当金については、月次原価計算で月額120千円の予定計算を実施しており、平成×3年3月までの毎月の予定額は、未成工事支出金の借方と退職給付引当金の貸方にすでに計上されている。この予定計上額と実際発生額との差額は工事原価に加減する。

(5)　期末時点で施工中の工事は次の工事だけであり、収益認識には原価比例法により工事進行基準を適用している。

　工事期間は3年（平成×1年4月1日～平成×4年3月31日）、当初契約時の工事収益総額は700,000千円、工事原価総額の見積額は500,000千円で、着手前に前受金として300,000千円を受領している。

　当期末までの工事原価発生額は、第1期が158,000千円、第2期が262,000千円であった。資材価格と人件費の高騰により、第2期末に工事原価総額の見積りを600,000千円に変更するとともに、交渉により、請負工事代金総額を750,000千円とすることが認められた。

(6)　受取手形と完成工事未収入金の期末残高に対して2％の貸倒引当金を設定する（差額補充法）。このうち900千円については税務上損金算入が認められないため、税率を30％として税効果会計を適用する。

(7)　借入金4,000千円は、平成×2年11月1日に年利3％、返済期日平成×3年10月31日の条件で借り入れたものであり、利息は借入日に1年分を一括して支払っている。前払分の支払利息を月割り計算で計上する。

(8)　当期の完成工事高に対して0.5％の完成工事補償引当金を設定する（差額補充法）。

(9)　法人税、住民税及び事業税と未払法人税等を計上する。なお、税率は30％とする。

(10)　税効果を考慮した上で、当期純損益を計上する。

**第1問** (20点)

偶発債務に関する次の問に解答しなさい。各問ともに指定した字数以内で記入すること。

問1　偶発債務とは何かを説明しなさい。（200字以内）
問2　偶発債務の会計上の取り扱いについて説明しなさい。（300字以内）

**第2問** (14点)

次の文中の □□□ の中に入れるべき最も適当な用語を下記の〈用語群〉の中から選び、その記号（ア～タ）を解答用紙の所定の欄に記入しなさい。

　キャッシュ・フロー計算書は、企業の一会計期間におけるキャッシュ・フローの状況を報告するために作成するものであり、キャッシュ・フローは現金および現金同等物の増加または減少を意味している。ここで現金とは、手許現金および □1□ をいう。また、現金同等物には、たとえば取得日から満期日または償還日までの期間が3か月以内の短期投資である □2□ 、 □3□ 、 □4□ などが含まれる。
　キャッシュ・フロー計算書では、企業が行う主要な活動が □5□ 活動、固定資産の取得などの □6□ 活動および資金の借り入れなどの □7□ 活動に分類され、それぞれの活動によるキャッシュ・フローが区分表示される。

〈用語群〉

| | | | | | | | |
|---|---|---|---|---|---|---|---|
| ア | 営業 | イ | 経営 | ウ | 定期預金 | エ | 財政 |
| オ | 財務 | カ | 譲渡性預金 | キ | 投資 | ク | 運用 |
| コ | 資本金 | サ | 株式 | シ | 調達 | ス | 社債 |
| セ | 要求払預金 | ソ | 公社債投資信託 | タ | 不動産投資信託 | | |

**第3問** (16点)

以下の各文章について、「企業会計原則」に照らして、正しいものには「A」、正しくないものには「B」を解答用紙の所定の欄に記入しなさい。

1．真実性の原則は、企業の公開する財務諸表の内容に虚偽があってはならないことを要請するものであるので、会計ルールの選択の仕方や会計担当者の判断の仕方によって表現する数値が異なることは認められない。
2．正規の簿記の原則は、帳簿記録の網羅性、検証可能性、および秩序性を要請すると同時に、財務諸表がかかる会計記録に基づいて作成されるべきことを求めたものであるので、簿外資産や簿外負債が存在することは認められない。
3．資本取引・損益取引区別の原則は、適正な資本維持ないしは適正な損益計算を企業会計の基本目

的としてとらえ、資本取引と損益取引との区別および資本剰余金と利益剰余金との直接・間接の振替を禁止する規範理念である。

4．明瞭性の原則は、報告目的の差異による財務諸表の形式の多様性を容認しつつも、それぞれの財務諸表に記載される資産・負債・資本・収益・費用の金額が同一であることを要請するものである。

5．継続性の原則は、会計数値の期間比較性を確保し、恣意性の介入する余地の縮小化を意図して、会計処理の原則・手続の継続適用を求めたものであるので、いったん採用した会計処理の原則・手続の変更はいかなる理由があっても認められない。

6．保守主義の原則は、期間計算において予測の要素が介入する場合に、認められる範囲内で利益を控えめに測定し伝達を行うことを要請する規範理念である。

7．単一性の原則は、財務諸表の利用者がひろく社会の各階層に及んでいる事実認識を前提に、財務諸表の形式に関し、目的適合性、概観性と詳細性の調和、表示形式の統一性と継続性など、一定の要件を満たすことを要請する規範理念である。

8．企業会計の目的は、企業の状況に関する利害関係者の判断を誤らせないようにすることにあるから、重要性の乏しいものについては、本来の厳密な会計処理によらないで他の簡便な方法によることも認められる。

**第4問**（14点）　A社は、次の〈条件〉でB社と共同企業体（ジョイント・ベンチャー、以下、ＪＶという）を結成した。下の設問に答えなさい。なお、仕訳において使用する勘定科目は下記の〈勘定科目群〉から選び、その記号（ア〜チ）と勘定科目を書くこと。

〈条件〉
1．ＪＶの構成会社
　　A社（スポンサー企業）　出資割合　60％
　　B社（サブ企業）　　　　出資割合　40％
　　会計期間は両社とも1年間、決算期も同一である。
2．ＪＶ工事の内容
　　工事費（契約金額）　￥40,000,000
　　工事原価　　　　　￥28,000,000
　　工事総利益　　　　￥12,000,000
3．ＪＶにおいて発生した取引は、各構成員に直ちに通知する。
4．ＪＶの会計処理は、独立会計方式による。

問1　ＪＶは発注者より工事に係る前受金￥10,000,000を受け取り、直ちに当座預金に入金した。なお、この前受金は構成員に分配しない。ＪＶとB社の仕訳を示しなさい。

問2　工事原価￥28,000,000が発生したが、代金は未払いである。ＪＶはこの原価について各構成員に出資の請求をした。ＪＶとA社の仕訳を示しなさい。

問3　工事原価￥28,000,000を支払うため、前受金￥10,000,000で充当できない分につき構成員各社が現金で出資し、ＪＶは直ちに当座預金に入金した。ＪＶとA社の仕訳を示しなさい。

問4　ＪＶは上記の工事原価￥28,000,000を、小切手を振り出して支払った。ＪＶとB社の仕訳を示しなさい。

問5 　ＪＶの決算にかかるＡ社の仕訳を示しなさい。なお、工事は完成し、すでに発注者に引き
　　　渡し済みである。


〈勘定科目群〉
　ア　現金　　　　　　　イ　当座預金　　　　ウ　資本金　　　　　エ　完成工事原価
　オ　完成工事高　　　　カ　仮受金　　　　　キ　未成工事受入金　ク　未成工事支出金
　コ　ＪＶ出資金　　　　サ　Ａ社出資金　　　シ　Ｂ社出資金　　　ス　未収入金
　セ　工事未払金　　　　ソ　前渡金　　　　　タ　未払分配金　　　チ　完成工事未収入金


**第5問**
**(36点)**
　　　　次の〈決算整理事項等〉に基づき、解答用紙に示されている岩手建設株式会社の当会計
　　　年度（平成×5年4月1日～平成×6年3月31日）に係る精算表を完成しなさい。
　　　　なお、計算過程で端数が生じた場合は、千円未満の端数を切り捨てること。また、整理
　　　の過程で新たに生じる勘定科目で、精算表上に指定されている科目は、そこに記入するこ
　　　と。


〈決算整理事項等〉
(1)　機械装置は、平成×0年4月1日に取得し、同日より使用を開始したものであり、取得した
　　時点での条件は次のとおりである。
　　　　取得原価　48,000千円　　残存価額　0円　　耐用年数　10年　　減価償却方法　定額法
　　　この資産について、期末に減損の兆候が見られたため、割引前のキャッシュ・フローの総額
　　を見積もったところ、19,000千円であった。また、割引後のキャッシュ・フローの総額は
　　18,087千円と算定され、これは正味売却価額よりも大きかった。なお、減価償却費は未成工事
　　支出金に計上し、減損損失は機械装置減損損失に計上すること。
(2)　投資有価証券はすべてその他有価証券（Ａ社社債、平価購入）である。また、当該社債の金
　　利変動による価格変動リスクをヘッジするため、固定支払・変動受取の金利スワップを締結し
　　ている。
　　　期末時点の市場金利が購入時のそれよりも上昇していたため、Ａ社社債および金利スワップ
　　の時価はそれぞれ次のように変化した。なお、Ａ社に信用不安があるため、その影響も時価に
　　反映している。

（単位：千円）

| | Ａ 社 社 債 | 金利スワップ |
|---|---|---|
| 取 得 原 価 | 3,000 | 30 |
| 金利上昇による影響 | −120 | 140 |
| 信用不安による影響 | −180 | − |
| 期 末 時 価 | 2,700 | 170 |

　　　当該金利スワップはヘッジ会計の要件を充たしているので、時価ヘッジにより会計処理す
　　る。なお、税率を30％として税効果会計を適用する。
(3)　退職給付引当金への当期繰入額は2,140千円であり、このうち1,840千円は工事原価、300千円
　　は販売費及び一般管理費である。なお、現場作業員の退職給付引当金については、月次原価計
　　算で月額140千円の予定計算を実施しており、平成×6年3月までの毎月の予定額は、未成工事
　　支出金の借方と退職給付引当金の貸方にすでに計上されている。この予定計上額と実際発生額

12

との差額は工事原価に加減する。

(4) 期末時点で施工中の工事は次の工事だけであり、収益認識には原価比例法を用いて工事進行基準を適用している。

工事期間は3年（平成×4年4月1日～平成×7年3月31日）、当初契約時の工事収益総額は840,000千円、工事原価総額の見積額は600,000千円で、着手前に前受金として250,000千円を受領している。

当期末までの工事原価発生額は、第1期が171,000千円、第2期が315,500千円であった。資材価格と人件費の高騰により、第2期末に工事原価総額の見積りを700,000千円に変更するとともに、交渉により、請負工事代金総額を900,000千円とすることが認められた。

(5) 受取手形と完成工事未収入金の期末残高に対して2％の貸倒引当金を設定する（差額補充法）。このうち1,800千円については税務上損金算入が認められないため、税率を30％として税効果会計を適用する。

(6) 借入金6,000千円は、平成×5年12月1日に年利4％、返済期日平成×6年11月30日の条件で借り入れたものであり、利息は返済日に1年分を一括して支払うことになっている。未払分の支払利息を月割り計算で計上する。

(7) 当期の完成工事高に対して0.5％の完成工事補償引当金を設定する（差額補充法）。

(8) 法人税、住民税及び事業税と未払法人税等を計上する。なお、税率は30％とする。

(9) 税効果を考慮した上で、当期純損益を計上する。

## 第26回 問題

制限時間 90分 ｜ 解答 70 ｜ 解答用紙 12

**第1問**
（20点）
企業会計原則の一般原則の3では、「資本取引と損益取引とを明瞭に区別し、特に資本剰余金と利益剰余金とを混同してはならない。」と述べている。この原則に関連して次の問に解答しなさい。各問ともに指定した字数以内で記入すること。

問1　この原則が企業会計上重視される理由を説明しなさい。（300字以内）
問2　この原則に反する例外があれば、具体例を一つあげて説明しなさい。（200字以内）

**第2問**
（14点）
次の文中の ☐ の中に入れるべき最も適当な用語を下記の〈用語群〉の中から選び、その記号（ア〜セ）を解答用紙の所定の欄に記入しなさい。

　持分とは、企業に対する資金、財・用役などの提供者が企業の資産に対して有する一般的・抽象的な請求権をいい、一般に、負債と資本とを包含する統一的な概念として理解される。

　かかる持分は、その源泉に応じて債権者持分と株主持分とに区別される。債権者持分は、その発生原因により、 1 から生じた債務、 2 から生じた債務および 3 から生じた債務に区分され、利用期間の有限性、請求権行使の優先性、 4 の固定性などの面で株主持分と区別される。一方、株主持分は、 5 、資本剰余金、利益剰余金から構成される。資本剰余金には 6 などがあり、利益剰余金には 7 などがある。

〈用語群〉

| | | | |
|---|---|---|---|
| ア　損益計算 | イ　資金使途 | ウ　保証金 | エ　資本金 |
| オ　自己株式 | カ　引出金 | キ　営業取引 | ク　退職給付引当金 |
| コ　自己株式処分差益 | サ　新株予約権 | シ　配当平均積立金 | ス　財務取引 |
| セ　資金コスト | | | |

14

**第3問**
（16点）

財務会計に関するわが国の基本的な考え方に照らして、以下の会計処理のうち、認められるものには「Ａ」、認められないものには「Ｂ」を解答用紙の所定の欄に記入しなさい。

1．受取利息を入金時に認識してきたため、期末に期間未経過のもの（前受）が含まれていたが、その金額が相対的に小さいために期末整理を行わず、その金額を当期の損益計算書に収益として計上した。

2．金額が小さいとの理由で、買掛債務を簿外負債とした。

3．係争中の訴訟事件について勝訴できる可能性が高いが、保守主義の観点から引当金を設定し、その繰入額を当期の損益計算書に計上した。

4．当期は利益が予想よりも多く見込まれるため、将来の不測の損失に備えるために、引当金を設定し、その繰入額を当期の損益計算書に計上した。

5．市場開拓のための支出を繰延経理してきたが、期末に当該市場から撤退することを決定したので、未償却残高を一括償却した。

6．当期に行った新株式の発行による収入、自己株式の取得による支出、配当金の支払いによる支出、社債の発行による収入を、キャッシュ・フロー計算書の財務活動によるキャッシュ・フローの区分に計上した。

7．外貨建売上債権の為替リスクを減殺する目的で為替予約を行っていたが、当該予約の行使による円貨の入金額を、キャッシュ・フロー計算書の投資活動によるキャッシュ・フローの区分に計上した。

8．市場販売目的のソフトウェアの製品マスターの制作費の全額を当期の費用として損益計算書に計上した。

**第4問**
（14点）

A社は、次の〈資料〉で示す設備を当期首（20×1年4月1日）に購入し、使用を開始した。なお、代金は約束手形（期日：20×1年6月30日）を振り出して支払った。これに関して、下の設問に答えなさい。

〈資料〉
1．取得原価は30,000,000円、耐用年数は5年、減価償却は残存価額をゼロとした定額法による。
2．使用終了時には当該設備を除去する法的義務があり、除去に要する支出額は2,000,000円と見積もられる。なお、割引率は2％とする。

問1　当該設備の取得原価を計算しなさい。なお、計算過程で端数が生じる場合には、千円未満の端数を切り捨てること。

問2　当期末時点（20×2年3月31日）での時の経過による資産除去債務の調整額を計算しなさい。

問3　当該設備の当期の減価償却費を計算しなさい。

**第5問**
**(36点)**

次の〈決算整理事項等〉に基づき、解答用紙に示されている長崎建設株式会社の当会計年度（20×7年4月1日～20×8年3月31日）に係る精算表を完成しなさい。

ただし、計算過程で端数が生じた場合は、千円未満の端数を切り捨てること。なお、整理の過程で新たに生じる勘定科目で、精算表上に指定されている科目は、そこに記入すること。

〈決算整理事項等〉

(1) 機械装置は、20×1年4月1日に取得し、同日より使用を開始したものであり、取得した時点での条件は次のとおりである。

取得原価 52,000千円　残存価額 ゼロ　耐用年数 10年　減価償却方法 定額法

この資産について、期末に減損の兆候が見られたため、割引前のキャッシュ・フローの総額を見積もったところ、15,000千円であった。また、割引後のキャッシュ・フローの総額は14,145千円と算定され、これは正味売却価額よりも大きかった。なお、減価償却費は未成工事支出金に計上し、減損損失は機械装置減損損失に計上すること。

(2) 貸付金1,500千円のうち1,000千円は、1ドル＝100円の時に貸し付けたものである。期末時点の為替レートは、1ドル＝110円である。

(3) 有価証券はすべてその他有価証券であり、期末の時価は6,250千円である。税率を30％として税効果会計を適用する。

(4) 社債（償還期間：5年　年利：3％　利払日：毎年9月と3月の末日、年2回）はすべて20×4年4月1日に、額面総額30,000千円を@97.0円で発行し、償却原価法（定額法）を適用してきた。この社債のうち、額面10,000千円分を、当期の期首（20×7年4月1日）に、@99.0円で買入償還したが、その際に次のように処理していた。

（借）社　　　　　債　9,900,000　　（貸）現　金　預　金　9,900,000

上の処理を修正し、社債償還損益を計上するとともに、残りの社債に対して償却原価法（定額法）を適用する。また同時に、減債積立金10,000千円を取り崩す。なお、当期の社債の利払いについては、適切に処理されている。

(5) 退職給付引当金への当期繰入額は2,650千円であり、このうち2,250千円は工事原価、400千円は販売費及び一般管理費である。なお、現場作業員の退職給付引当金については、月次原価計算で月額170千円の予定計算を実施しており、20×8年3月までの毎月の予定額は、未成工事支出金の借方と退職給付引当金の貸方にすでに計上されている。この予定計上額と実際発生額との差額は工事原価に加減する。

(6) 期末時点で施工中の工事は次の工事だけであり、収益認識には原価比例法により工事進行基準を適用している。

工事期間は4年（20×5年4月1日～20×9年3月31日）、当初契約時の工事収益総額は960,000千円、工事原価総額の見積額は700,000千円で、前受金として着手前に300,000千円、第2期末に200,000千円をそれぞれ受領している。

当期末までの工事原価発生額は、第1期が165,000千円、第2期が171,000千円、第3期が211,500千円であった。資材価格と人件費の高騰により、第3期末に工事原価総額の見積りを750,000千円に変更するとともに、交渉により、請負工事代金総額を1,000,000千円とすることが認められた。

(7) 受取手形と完成工事未収入金の期末残高に対して2％の貸倒引当金を設定する（差額補充法）。このうち1,300千円については税務上損金算入が認められないため、税率を30％として税効果会計を適用する。

(8) 当期の完成工事高に対して0.5％の完成工事補償引当金を設定する（差額補充法）。

(9) 法人税、住民税及び事業税と未払法人税等を計上する。なお、税率は30％とする。

(10) 税効果を考慮した上で、当期純損益を計上する。

**第1問**
（20点）

「金融商品に関する会計基準」に基づいて、有価証券の評価に関する次の問に解答しなさい。各問ともに指定した字数以内で記入すること。

問1　売買目的有価証券とその他有価証券、それぞれについて、期末時点の評価方法および評価差額が発生した場合の処理方法を説明しなさい。（250字以内）

問2　問1で答えた処理方法がそれぞれ採用される理由を説明しなさい。（250字以内）

**第2問**
（14点）

建設業会計における負債に関する次の文中の　　　　の中に入れるべき最も適当な用語を下記の〈用語群〉の中から選び、その記号（ア～タ）を解答用紙の所定の欄に記入しなさい。

　負債とは、　1　が企業の資産に対してもっている請求権である。このように説明される負債は、その発生原因により、営業取引から生じた債務、財務取引から生じた債務、損益計算から生じた債務の3つに区別される。

　営業取引から生じた債務は、金銭債務と非金銭債務とに区別される。金銭債務には、①原料・資材などの購入、発注工事の引き渡しなどの生産活動に関連して発生した債務、②経費および一般管理活動に基づいて発生した債務、③固定資産の購入その他の通常の取引以外の取引により発生した債務がある。これらのうち、①は　2　の項目で、②と③は　3　またはその発生原因を示す名称の項目で貸借対照表に記載される。非金銭債務のうち工事の請負代金の前受分は債務となるが、これは貸借対照表において　4　の項目で記載される。

　財務取引から生じた債務には借入金と社債の2つがある。これらのうち借入金は、貸借対照表上、期間の長短・借入先の違いなどにより、区別して記載される。

　損益計算から生じた債務とは、期間利益の計算を正確に行うための期間収益・期間費用の帰属計算の結果生じた貸方項目をいう。これには、　5　、　6　、および　7　がある。これらのうち、　5　と　6　については、見越負債あるいは累積中の債務という一定の債務性が認められるが、　7　は条件付債務や非債務などであり、法的な性質は異なる。

〈用語群〉

| | | | | | | | |
|---|---|---|---|---|---|---|---|
| ア | 工事未払金 | イ | 完成工事未収入金 | ウ | 未成工事支出金 | エ | 未成工事受入金 |
| オ | 評価性引当金 | カ | 未収入金 | キ | 未払金 | ク | 債権者 |
| コ | 債務者 | サ | 株主 | シ | 負債性引当金 | ス | 未収収益 |
| セ | 前受収益 | ソ | 前払費用 | タ | 未払費用 | | |

18

**第3問**
(16点)
財務会計に関するわが国の基本的な考え方に照らして、以下の会計処理のうち、認められるものには「A」、認められないものには「B」を解答用紙の所定の欄に記入しなさい。

1．事務用消耗品の期末残高が少額であったため、簿外資産として処理した。

2．使用中の機械が故障したが、工事に支障がないために修理は次期に行うこととした。これに伴い発生する修繕費について、その金額が少額であったために、当期においては修繕引当金を計上しないこととした。

3．当期末、退職した従業員に対して外部に信託している退職給付基金から退職金が支払われ、退職給付債務が減少したので、退職給付引当金を減額した。

4．自己株式を割り当てることによって増資をしたが、その際に発生した自己株式の帳簿価額と払込額との差額については、当期の損益として損益計算書に計上した。

5．監査の過程で、2期前の決算において、現在使用している機械3台の減価償却を失念していたことが発見された。そこで、これら3台について、当期から償却計画を修正し、耐用年数の間に要償却額すべてが償却できるように各期の減価償却費を増額した。

6．当社はB社およびC社と共同企業体（ジョイント・ベンチャー、以下、JVという）を結成し、当該JVは当期中に発注者より工事に係る前受金を受け取った。この前受金は当社を含めた構成員には分配されなかったが、本件の前受金について、当社においても会計処理を行った。

**第4問**
(14点)
次の〈資料〉に基づき、20×9年3月期（20×8年4月1日～20×9年3月31日）の株主資本等変動計算書（一部）を完成し、①～⑥にあてはまる金額を解答用紙の所定の欄に記入しなさい。なお、金額がマイナスの場合には、金額の前に△をつけること。

〈資料〉

1．20×8年6月24日に開催された株主総会において、剰余金の処分が次のとおり承認された。

(1) 繰越利益剰余金を財源とし、株主への配当金を1株につき350円にて実施する。なお、この時点における当社の発行済株式総数は13,000株である。あわせて、会社法で規定する額の利益準備金を計上する。

(2) 別途積立金を新たに2,000千円計上する。

2．20×8年12月12日に増資を行い、3,000株を1株につき8,200円で発行した。払込金は全額当座預金に預け入れた。資本金は、会社法で規定する最低額を計上することとした。なお、増資に当たり手数料その他のために400千円がかかったが、すべて現金で支払った。

3．20×9年3月31日に決算を行った結果、当期純利益は6,000千円であることが判明した。

## 株主資本等変動計算書（一部）

自20×8年4月1日　至20×9年3月31日　　　　　（単位：千円）

| | 株　　主　　資　　本 | | | | | | | | |
| | 資本金 | 資本剰余金 | | | 利益剰余金 | | | | 株主資本合計 |
| | | 資本準備金 | その他資本剰余金 | 資本剰余金合計 | 利益準備金 | その他利益剰余金 | | 利益剰余金合計 | |
| | | | | | | 別途積立金 | 繰越利益剰余金 | | |
|---|---|---|---|---|---|---|---|---|---|
| 当期首残高 | 95,000 | 2,500 | 8,200 | 10,700 | 1,520 | 6,000 | 8,200 | 15,720 | 121,420 |
| 当期変動額 | | | | | | | | | |
| 　剰余金の配当 | | | | | ① | | | ② | |
| 　別途積立金の積立 | | | | | | ③ | | | |
| 　新株の発行 | | ④ | | | | | | | |
| 　当期純利益 | | | | | | | ⑤ | | |
| 当期変動額合計 | | | | | | | | | |
| 当期末残高 | | | | | | | | | ⑥ |

**第5問**
（36点）

　　　次の〈決算整理事項等〉に基づき、解答用紙に示されている新潟建設株式会社の当会計年度（20×7年4月1日～20×8年3月31日）に係る精算表を完成しなさい。
　　　ただし、計算過程で端数が生じた場合は、千円未満の端数を切り捨てること。なお、処理の過程で新たに生じる勘定科目で、精算表上に指定されている科目は、そこに記入すること。

〈決算整理事項等〉
（1）機械装置のうち12,000千円は、当期首にリース契約により引き渡しを受け、使用を開始したものである。当該リース取引はファイナンス・リースに該当するが、支払ったリース料は仮払金として計上している。リース契約の条件等は次のとおりであるので、リース料支払時の処理を修正すると共に減価償却の処理を行う。なお、減価償却費は未成工事支出金に計上すること。
〈リース契約の条件等〉
・解約不能なリース期間：5年
・当社の追加借入利子率：3％
・毎年のリース料：2,620千円　毎年3月31日に1年分を一括して小切手を振り出して支払う
・リース物件の減価償却方法：定額法
・所有権移転条項ならびに割安購入選択権は付与されていない
・当社は、リース会社の当該物件購入価額および計算利子率を知り得ない
（2）上記1以外の機械装置は、20×3年4月1日に取得し、同日より使用を開始したものであり、取得した時点での条件は次のとおりである。
　　　取得原価：40,000千円　　残存価額：4,000千円　　耐用年数：10年
　　　減価償却方法：定額法
　　　この資産について、期末に減損の兆候が見られたため、割引前のキャッシュ・フローの総額を見積もったところ、21,500千円であった。また、割引後のキャッシュ・フローの総額は

20,868千円と算定され、これは正味売却価額よりも大きかった。なお、減価償却費は未成工事支出金に計上し、減損損失は機械装置減損損失に計上すること。

(3) 有価証券はすべてその他有価証券であり、期末の時価は5,300千円である。税率を30％として税効果会計を適用する。

(4) 退職給付引当金への当期繰入額は2,320千円であり、このうち1,970千円は工事原価、350千円は販売費及び一般管理費である。なお、現場作業員の退職給付引当金については、月次原価計算で月額180千円の予定計算を実施しており、20×8年3月までの毎月の予定額は、未成工事支出金の借方と退職給付引当金の貸方にすでに計上されている。この予定計上額と実際発生額との差額は工事原価に加減する。

(5) 期末時点で施工中の工事は次の工事だけであり、収益認識は原価比例法により工事進行基準を適用している。

工事期間は4年（20×5年4月1日～20×9年3月31日）、当初契約時の工事収益総額は720,000千円、工事原価総額の見積額は600,000千円で、前受金として着手前に200,000千円、第2期末に150,000千円をそれぞれ受領している。

当期末までの工事原価発生額は、第1期が115,000千円、第2期が173,000千円、第3期が237,000千円であった。資材価格と人件費の高騰により、第3期首（当期首）に工事原価総額の見積りを630,000千円に変更するとともに、交渉により、請負工事代金総額を750,000千円とすることが認められた。

(6) 受取手形と完成工事未収入金の期末残高に対して2％の貸倒引当金を設定する（差額補充法）。このうち1,200千円については税務上損金算入が認められないため、税率を30％として税効果会計を適用する。

(7) 当期の完成工事高に対して0.5％の完成工事補償引当金を設定する（差額補充法）。

(8) 法人税、住民税及び事業税と未払法人税等を計上する。なお、税率は30％とする。

(9) 税効果を考慮した上で、当期純損益を計上する。

**第1問**
（20点）

引当金に関する次の問に解答しなさい。各設問ともに指定した字数以内で記入すること。

問1　引当金を計上する目的とその要件について、未払費用との違いにも触れながら説明しなさい。（200字）

問2　完成工事補償引当金と工事損失引当金について説明し、両者の引当金としての性質の違いを説明しなさい。（300字）

**第2問**
（14点）

「リース取引に関する会計基準」について述べた次の文中の _____ の中に入れるべき最も適当な用語を下記の〈用語群〉の中から選び、その記号（ア～タ）を解答用紙の所定の欄に記入しなさい。

わが国の「リース取引に関する会計基準」では、リース取引が「特定の物件の所有者たる貸手（レッサー）が、当該物件の借手（レッシー）に対し、合意された期間（以下「 1 」という。）にわたりこれを使用収益する権利を与え、借手は、合意された使用料（以下「 2 」という。）を貸手に支払う取引をいう。（4項）」と定義されている。このようなリース取引は、ファイナンス・リース取引とオペレーティング・リース取引とに分類される。

同基準において、ファイナンス・リース取引は、「リース契約に基づく 1 の中途において当該契約を解除することができないリース取引又はこれに準ずるリース取引で、借手が、当該契約に基づき使用する物件（以下「 3 」という。）からもたらされる 4 を実質的に享受することができ、かつ、当該 3 の使用に伴って生じる 5 を実質的に負担することになるリース取引をいう。（5項）」と規定されている。一方、オペレーティング・リース取引については、「ファイナンス・リース取引以外のリース取引をいう。（6項）」とされるのみである。

リースとは通常、不動産その他物品の貸借に関わる契約のことを指す。しかし同基準では、リース取引の経済的実質を反映させるために、ファイナンス・リース取引については「通常の 6 取引に係る方法に準じて（9項）」、オペレーティング・リース取引については「通常の 7 取引に係る方法に準じて（15項）」、それぞれ会計処理を行うことと規定している。

〈用語群〉

| | | | | | | | |
|---|---|---|---|---|---|---|---|
| ア | リース債権 | イ | リース債務 | ウ | 収入 | エ | 支出 |
| オ | リース物件 | カ | リース期間 | キ | 債権・債務 | ク | 賃貸借 |
| コ | 経済的利益 | サ | 固定資産 | シ | リース料 | ス | リース取引開始日 |
| セ | 売買 | ソ | コスト | タ | リース料債権 | | |

**第3問** (16点) 財務会計に関するわが国の基本的な考え方に照らして、以下の会計処理のうち、認められるものには「A」、認められないものには「B」を解答用紙の所定の欄に記入しなさい。

1．保有していた自己株式を売却したが、その際に処分差損が発生した。当該差損をその他資本剰余金から減額したが、減額しきれなかったので、不足分をその他利益剰余金（繰越利益剰余金）から減額した。

2．事業規模を縮小するに伴い資本金を減少させた。その際に発生した差益は、当期の損益として損益計算書に計上した。

3．期首に、得意先への証票発行事務の時間的ならびに経済的負担軽減を目的として、専用のソフトウェアを購入した。その目的は十分に達成されていると判断できるので、当該ソフトウェアの購入費を無形固定資産として貸借対照表に計上した。

4．期首に建設現場で使用する機械を購入したが、当社の資金繰りの関係上、販売会社に代金は10回の分割払いとすることを申し入れ、承諾された。決算時において7回分の支払いが終了していたので、当期のキャッシュ・フロー計算書には、支払った7回分の分割代金を有形固定資産の取得による支出として、投資活動によるキャッシュ・フローの区分に計上した。

5．決算日が過ぎて、前年度の財務諸表の作成期間中に、当社の主要作業場で火災が発生し、その80％が焼失した。この火災は当期において発生したものなので、その影響額は当年度の財務諸表に反映させることとし、作成中の前年度財務諸表ではなにも触れないこととした。

6．親会社P社の決算日は毎年4月30日、子会社S社の決算日は毎年12月31日であり、連結決算日は、親会社の決算日に基づき毎年4月30日としている。連結決算にあたっては、P社およびS社の正規の決算を基礎として行っているが、差異期間中の親子会社間の取引に係る会計記録の重要な不一致については必要な整理を行っている。

7．当社は米国にある子会社B社（株式保有比率：100％）と連結決算を行う際に、例年、B社の貸借対照表および損益計算書のすべての項目を、当該年度連結決算日の為替相場を使って換算し、連結貸借対照表で生じる貸借差額を為替換算調整勘定としている。

8．市場開拓のための支出を繰延経理してきたが、経営方針を変更し、次年度の初めに当該市場から撤退することになったので、当年度末に未償却残高を一括償却することにした。

**第4問**
（14点）
　次の固定資産の処理に関する１～３の問いについて、解答を解答用紙の所定の欄に記入しなさい。ただし、処理は「会計方針の開示、会計上の変更及び誤謬の訂正に関する会計基準」に従って行い、また、計算過程で端数が生じた場合は、千円未満の端数を切り捨てること。

問１　20×1年期首に機械Ａ（取得原価：10,000千円　残存価額：1,000千円　耐用年数：15年）を取得し、同時に使用を開始した。機械Ａについて定額法による減価償却を実施してきたが、20×8年期首に、残存耐用年数が５年であることが明らかになった。これについて、次の２つの場合における20×8年度決算後の当該機械の減価償却累計額の金額を答えなさい。
　①　取得時に定めた耐用年数が取得時における合理的な見積もりに基づくものであり、かつ、20×8年における変更も合理的な見積もりに基づくものである場合
　②　取得時に定めた耐用年数が合理的な見積もりに基づくものではなく、これを20×8年に合理的な見積もりに基づくものに変更する場合

問２　20×5年期首に機械Ｂ（取得原価：8,000千円　残存価額：800千円　耐用年数10年）を取得し、同時に使用を開始した。機械Ｂについて定額法による減価償却を実施してきたが、20×8年期首において、合理的な理由に基づき、当年度より減価償却の方法を定率法（償却率：0.280）に変更することとした。この場合の20×8年度決算における、当該機械の減価償却費の金額を答えなさい。

問３　倉庫（取得原価：5,000千円　残存価額：500千円　減価償却累計額：2,250千円）の一部が火災のために焼失した。焼失部分は全体の面積の20％であるが、当面、その復旧は行わず応急措置をほどこすにとどめることとした。応急措置のための支出は150千円である。この火災に伴う臨時損失の金額を答えなさい。

**第5問**
（36点）
　次の〈決算整理事項等〉に基づき、解答用紙に示されている富山建設株式会社の当会計年度（20×5年４月１日～20×6年３月31日）に係る精算表を完成しなさい。
　ただし、計算過程で端数が生じた場合は、千円未満の端数を切り捨てること。なお、処理の過程で新たに生じる勘定科目で、精算表上に指定されている科目は、そこに記入すること。

〈決算整理事項等〉
(1)　機械装置のうち15,000千円（耐用年数10年）は当期首に現金で購入したものであるが、当該機械装置は、使用終了後には設備を除去する法的義務があり、除去に要する支出額は2,000千円と見積もられる。購入時に次のような誤った処理をしていたので修正する。なお、割引率は２％なので、10年の現価係数0.820を使用すること。
【誤った処理】単位：千円
　　　（借）機械装置　　15,000　　　（貸）現　　金　　15,000
(2)　上記１以外の機械装置（同一機種で４台）は、20×3年４月１日に取得し、同日より使用を開始したものであり、取得した時点での条件は次のとおりである。
　　　取得原価：48,000千円　　　残存価額：ゼロ　　　耐用年数：10年　　　減価償却方法：定額法
　　　しかし、これらの機械装置のうち１台が決算日に水没し、今後使用できないことが判明したために廃棄処分する。なお、減価償却費は未成工事支出金に計上し、廃棄処分に伴い発生する

損失は固定資産除却損に計上すること。

　　また、上記1の機械装置もこれらと同一条件で減価償却を行うとともに、時の経過による資産除去債務の調整額は利息費用に計上すること。

(3) 有価証券はすべてその他有価証券であり、期末の時価は4,800千円である。実効税率を30%として税効果会計を適用する。

(4) 退職給付引当金への当期繰入額は3,140千円であり、このうち2,710千円は工事原価、430千円は販売費及び一般管理費である。なお、現場作業員の退職給付引当金については、月次原価計算で月額240千円の予定計算を実施しており、20×6年3月までの毎月の予定額は、未成工事支出金の借方と退職給付引当金の貸方にすでに計上されている。この予定計上額と実際発生額との差額は工事原価に加減する。

(5) 期末時点で施工中の工事は次の工事だけであり、収益認識には原価比例法による工事進行基準を適用している。

　　工事期間は4年（20×3年4月1日～20×7年3月31日）、当初契約時の工事収益総額は850,000千円、工事原価総額の見積額は680,000千円で、前受金として着手前に250,000千円、第2期末に200,000千円をそれぞれ受領している。

　　当期末までの工事原価発生額は、第1期が123,000千円、第2期が165,000千円、第3期が216,000千円であった。資材価格と人件費の高騰により、第3期首（当期首）に工事原価総額の見積りを720,000千円に変更するとともに、交渉により、請負工事代金総額を880,000千円とすることが認められた。

(6) 受取手形と完成工事未収入金の期末残高に対して2%の貸倒引当金を設定する（差額補充法）。このうち700千円については税務上損金算入が認められないため、実効税率を30%として税効果会計を適用する。

(7) 当期の完成工事高に対して0.5%の完成工事補償引当金を設定する（差額補充法）。

(8) 法人税、住民税及び事業税と未払法人税等を計上する。なお、実効税率は30%とする。

(9) 税効果を考慮した上で、当期純損益を計上する。

**第1問**
（20点）
企業会計原則における「正規の簿記の原則」と「重要性の原則」に関する次の問に答えなさい。各問ともに指定した字数以内で記入すること。

問1　「正規の簿記の原則」と「重要性の原則」の内容と、2つの原則の関係を説明しなさい。（300字）

問2　「重要性の原則」適用の結果、簿外資産や簿外負債が生じることがあるが、それが認められる根拠を明らかにしなさい。（200字）

**第2問**
（14点）
建設業における棚卸資産および固定資産について述べた次の文中の _____ に入れるべき最も適当な用語を下記の〈用語群〉から選び、その記号（ア〜チ）を解答用紙の所定の欄に記入しなさい。

　棚卸資産は、販売を目的に保有され、あるいは生産その他企業の営業活動で短期間に保有される財・用役をいい、これらは、 1 および 2 の勘定で処理されている。 1 には、工事収益を未だ認識していない工事に要した材料費、労務費、外注費、経費といった工事原価のほか、特定工事に係る 3 、材料、仮設材料などが含まれる。また、 2 には、手持の工事用原材料、仮設材料、機械部品等の消耗工具器具備品、事務用消耗品が含まれる（ 1 等で処理したものを除く）。

　固定資産は、企業が営業目的を達成するために長期にわたって使用し、あるいは保有する資産である。建設業法施行規則では、固定資産を 4 、 5 および 6 の3つに分類している。 4 には、建物・構築物、機械・運搬具、工具器具・備品、土地、建設仮勘定などが含まれる。 5 には、特許権、借地権などの法律上の権利のほか、営業権のような事実上の権利が含まれる。また 6 に属するものとしては長期利殖を目的として保有する有価証券、子会社株式・出資金、長期貸付金などのほか、長期の 7 があげられる。

〈用語群〉

| | | | |
|---|---|---|---|
| ア　前渡金 | イ　前受金 | ウ　完成工事未収入金 | エ　工事負担金 |
| オ　減価償却累計額 | カ　未成工事支出金 | キ　電話加入権 | ク　工事未払金 |
| コ　前払費用 | サ　前受収益 | シ　未収収益 | ス　材料貯蔵品 |
| セ　有形固定資産 | ソ　無形固定資産 | タ　投資その他の資産 | チ　繰延資産 |

**第3問**
（16点）

財務会計に関するわが国の基本的な考え方に照らして、以下の会計処理のうち、認められるものには「A」、認められないものには「B」を解答用紙の所定の欄に記入しなさい。

1．かねて発行していた新株予約権について、権利が行使されずに権利行使期限が到来したので、純資産の部に計上されていた、新株予約権の発行に伴う払込金額を資本金に振り替えた。

2．決算において財務諸表を作成するにあたり、当期に取得した自己株式の取得原価を貸借対照表の純資産の部の株主資本から控除した。なお、自己株式の取得に要した付随費用は取得原価に含めず、損益計算書に計上した。

3．機械装置の減価償却方法を、正当な理由により、定額法から定率法に変更した。減価償却方法の変更は会計方針の変更に該当するので、過去の財務諸表に遡って定率法を適用した。

4．当期になって機械の耐用年数が当初の見積りよりも3年短いことが判明したので、償却不足額を当期に一括して償却した。

5．当期に実施した構築物の修繕のための支出額について、「もし、この修繕が行われなかったら次期の操業は不可能であった」との理由で、その半額を次期の費用として処理するために繰り延べた。

6．係争中の訴訟事件について勝訴できる可能性が大きいが、保守主義の観点から引当金を計上し、その繰入額を当期の損益計算書に計上した。

7．当社は、取引先A社の借入金について、担保を設定した上で債務保証をしている。当期になってA社の経営状況が著しく悪化し、今後、経営破綻に陥る可能性が高いと判断されたので、債務保証の総額から担保処分による回収可能額を控除した金額について債務保証損失引当金を計上し、その繰入額を当期の損益計算書に計上した。

8．当期に発生した新株の発行に要した支出を株式交付費として貸借対照表に計上し、3年で償却することとした。

**第4問**
（14点）

次の〈資料〉に基づき、下の問に解答しなさい。

〈資料〉

　20×1年4月1日にP株式会社は、S株式会社の発行済株式の80％を18,000千円で取得し、S株式会社を子会社とした。同日における両社の貸借対照表は次のとおりで、S株式会社の資産の時価は51,000千円、負債の時価は31,500千円である。

貸 借 対 照 表

| P株式会社 | 20×1年4月1日現在 | | （単位：千円） |
|---|---|---|---|
| S社株式 | 18,000 | 諸負債 | 68,000 |
| その他諸資産 | 93,000 | 資本金 | 30,000 |
| | | 利益剰余金 | 13,000 |
| | 111,000 | | 111,000 |

貸 借 対 照 表

S株式会社　　　　20×1年4月1日現在　　　（単位：千円）

| 諸資産 | 48,000 | 諸負債 | 30,000 |
|---|---|---|---|
| | | 資本金 | 15,000 |
| | | 利益剰余金 | 3,000 |
| | 48,000 | | 48,000 |

問1　全面時価評価法による場合に認識すべき評価差額の金額を計算しなさい。

問2　連結財務諸表に計上される非支配株主持分の金額を計算しなさい。

問3　連結財務諸表に計上されるのれんの金額を計算しなさい。

**第5問**
**（36点）**

次の〈決算整理事項等〉に基づき、解答用紙に示されている島根建設株式会社の当会計年度（20×4年4月1日～20×5年3月31日）に係る精算表を完成しなさい。

ただし、計算過程で端数が生じた場合は、千円未満の端数を切り捨てること。なお、処理の過程で新たに生じる勘定科目で、精算表上に指定されている科目は、そこに記入すること。また、経過勘定項目はすべて期首に再振替されている。

〈決算整理事項等〉

(1) 機械装置（同一機種で5台）は、20×1年4月1日に取得し、同日より使用を開始したものであり、取得した時点での条件は次のとおりである。

取得原価：75,000千円　　残存価額：ゼロ　　耐用年数：10年　　減価償却方法：定額法

しかし、これらの機械装置のうち1台が決算日に水没し、今後使用できないことが判明したために廃棄処分する。なお、減価償却費は未成工事支出金に計上し、廃棄処分に伴い発生する損失は固定資産除却損に計上すること。

(2) 定期預金は、20×3年4月1日に、年利3％、元利継続式（元利金を毎年継続して預入する方式）3年の契約で預け入れたものである。本年度末における未収利息を計上する。

(3) 有価証券はすべてその他有価証券であり、期末の時価は19,200千円である。実効税率を30％として税効果会計を適用する。

(4) 退職給付引当金への当期繰入額は12,820千円であり、このうち11,530千円は工事原価、1,290千円は販売費及び一般管理費である。なお、現場作業員の退職給付引当金については、月次原価計算で月額1,050千円の予定計算を実施しており、20×5年3月までの毎月の予定額は、未成工事支出金の借方と退職給付引当金の貸方にすでに計上されている。この予定計上額と実際発生額との差額は工事原価に加減する。

(5) 期末時点で施工中の工事は次の工事だけであり、収益認識には原価比例法による工事進行基準を適用している。

工事期間は4年（20×2年4月1日～20×6年3月31日）、当初契約時の工事収益総額は780,000千円、工事原価総額の見積額は600,000千円で、前受金として着手前に150,000千円、第2期末に250,000千円をそれぞれ受領している。

当期末までの工事原価発生額は、第1期が82,000千円、第2期が175,000千円、第3期が229,000千円であった。資材価格と人件費の上昇により、第3期首（当期首）に工事原価総額の見積りを675,000千円に変更するとともに、交渉により、請負工事代金総額を810,000千円と

することが認められた。

(6) 受取手形と完成工事未収入金の期末残高に対して2％の貸倒引当金を設定する（差額補充法）。このうち1,800千円については税務上損金算入が認められないため、実効税率を30％として税効果会計を適用する。

(7) 当期の完成工事高に対して0.5％の完成工事補償引当金を設定する（差額補充法）。

(8) 法人税、住民税及び事業税と未払法人税等を計上する。なお、実効税率は30％とする。

(9) 税効果を考慮した上で、当期純損益を計上する。

## 第30回 問題

**第1問**
（20点）

退職給付会計に関する以下の問に答えなさい。各問とも指定した字数以内で記入すること。

問1　退職給付債務について、退職給付見込額に言及したうえで説明しなさい。（300字）

問2　個別財務諸表と連結財務諸表との間で異なる処理を説明しなさい。（200字）

**第2問**
（14点）

費用および費用配分の原則に関する次の文中の　　　　の中に入れるべき最も適当な用語を下記の〈用語群〉の中から選び、その記号（ア～タ）を解答用紙の所定の欄に記入しなさい。

　　1　は期間収益からそれに対応する費用を差し引いて計算される。この対応計算を合理的に行うためには、対応計算に先だって、財・用役の減少部分を収益の獲得活動と関係をもつ部分とそれ以外の部分とに明確に区別しておくことが望ましく、かつ、必要なことはいうまでもない。『企業会計原則』においても、こうした理由から、収益の獲得活動と関係をもつ部分、すなわち「費用」と、それ以外の部分、すなわち「　　2　」とを明確に区別すべきものとしている。

　　『企業会計原則』の「貸借対照表原則五」は、費用配分の原則について、資産の　　3　を所定の方法に従い、計画的・規則的に各期に配分すべきであるということを要請している。ここにいう「所定の方法」とは、　　4　費用配分の方法をいう。たとえば、棚卸資産原価の配分方法には　　5　、先入先出法、平均原価法などが認められる。また、配分方法の選択については企業の自主的な判断に委ねる立場をとっているが、これを企業による配分方法の恣意的な選択を容認するものと解してはならない。「計画的」とは、合理的な配分計画のもとに企業の　　6　を十分に考慮して適正な　　1　の計算を保証するという意味での妥当な方法の選択を意味する。このようにして選択された配分方法は、　　7　のないかぎり、毎期継続して適用されなければならない。つまり、「規則的」とは、妥当な方法の機械的適用を意味する。

〈用語群〉
ア　損失　　　　　　　イ　共通性　　　　　　ウ　定額法　　　　　エ　正当な理由
オ　購入代価　　　　　カ　期間利益　　　　　キ　損金　　　　　　ク　個別法
コ　特殊性　　　　　　サ　保守的な　　　　　シ　取得原価　　　　ス　定率法
セ　配当可能利益　　　ソ　損益調整の必要性　タ　一般に公正妥当と認められた

30

**第3問**
（16点）

　財務会計に関するわが国の基本的な考え方に照らして、以下の会計処理のうち、認められるものには「A」、認められないものには「B」を解答用紙の所定の欄に記入しなさい。

1．期首に、得意先への証票発行事務の時間的ならびに経済的負担軽減を目的として専用のソフトウェアを購入した。その目的は十分に達成されていると判断できたので、当該ソフトウェアの購入費を無形固定資産として貸借対照表に計上した。

2．企業会計原則における真実性の原則は、企業の公開する財務諸表の内容に虚偽があってはならないことを要請するものであるので、会計ルールの選択の仕方や会計担当者の判断の仕方によって表現する数値が異なることは認められない。

3．工事用の機械を購入するにあたり銀行から資金を借り入れた。借入に対する支払利息を、付随費用として、当該機械の取得原価に含めることとした。

4．当社は営業用の車両をすべてリース契約により取得している。当該リース契約は中途解約不能であるが、定期的な車両メンテナンスおよび自動車検査登録制度（車検）に係る費用はすべてリース会社が負担することとなっているため、当該リース契約をオペレーティング・リースとして処理している。

5．市場開拓のための支出を繰延経理してきたが、経営方針を変更し、来期首より当該市場から撤退することになったので、当年度決算において未償却残高を一括償却することにした。

6．企業会計原則は、株主資本を資本金と剰余金に区別するとともに、剰余金を資本剰余金と利益剰余金の2つに分けている。会社計算規則などの現行会計制度ではさらに細かく、資本剰余金を資本準備金とその他資本剰余金に、利益剰余金を利益準備金とその他利益剰余金に区分している。

7．自己株式を割り当てることによって増資をしたが、その際に発生した自己株式の帳簿価額と払込金額との差額については、当期の損益として損益計算書に計上した。

8．連結対象である在外子会社の財務諸表の換算に際して換算差額が生じたので、為替換算調整勘定として、連結貸借対照表のその他の包括利益累計額の部に計上した。

**第4問**
**(14点)**

当社（決算日：3月31日）は、次の〈条件〉で甲リース会社から機械装置をリース（ファイナンス・リース）した。これを基に、下の問1〜問4に解答しなさい。ただし、使用する勘定科目は下記の〈勘定科目群〉から選び、その記号（ア〜ス）と勘定科目を書くこと。なお、当社における減価償却の記帳は間接記入法によっている。

〈条件〉
① 所有権移転条項、割安購入選択権ともになし。
② 解約不能のリース取引で契約期間は12年である。
③ リース料の総額は¥36,000,000で、支払いは1年分のリース料（均等額）を毎期末日に現金で支払う。
④ リース取引開始日は20×1年4月1日である。
⑤ リース物件（機械装置）の経済的耐用年数は15年である。
⑥ 当社の減価償却方法は定率法（15年の償却率0.133、改定償却率0.143、保証率0.04565）である。
⑦ リース料に含まれる利息相当額は¥1,800,000で、定額法により各期に配分する。

問1 リース取引開始日（20×1年4月1日）の仕訳を答えなさい。
問2 20×2年3月31日におけるリース料支払い時の仕訳を答えなさい。
問3 20×2年3月31日決算時の仕訳を答えなさい。
問4 〈条件〉①を「リース物件の所有権は、リース期間終了時に賃借人に移転する。」とした場合、20×2年3月31日決算時の仕訳を答えなさい。

〈勘定科目群〉

| | | | | | | | |
|---|---|---|---|---|---|---|---|
| ア | リース資産 | イ | 工事未払金 | ウ | 前払費用 | エ | 減損損失 |
| オ | 支払利息 | カ | リース債務 | キ | 現金 | ク | 減価償却累計額 |
| コ | 支払手形 | サ | 減価償却費 | シ | 支払手数料 | ス | 短期借入金 |

**第5問**
**(36点)**

次の〈決算整理事項等〉に基づき、解答用紙に示されている佐賀建設株式会社の当会計年度（20×7年4月1日〜20×8年3月31日）に係る精算表を完成しなさい。

ただし、計算過程で端数が生じた場合は、千円未満の端数を切り捨てること。なお、整理の過程で新たに生じる勘定科目で、精算表上に指定されている科目は、そこに記入すること。

〈決算整理事項等〉
(1) 機械装置は、20×1年4月1日に取得し、同日より使用を開始したものであり、取得した時点での条件は次のとおりである。

取得原価 46,000千円 残存価額 ゼロ 耐用年数 10年 減価償却方法 定額法

この資産について、期末に減損の兆候が見られたため、割引前のキャッシュ・フローの総額を見積もったところ、12,000千円であった。また、割引後のキャッシュ・フローの総額は11,314千円と算定され、これは正味売却価額よりも大きかった。なお、減価償却費は未成工事支出金に計上し、減損損失は機械装置減損損失に計上すること。

(2) 貸付金2,000千円のうち1,500千円は、1ドル＝100円の時に貸し付けたものである。期末時点の為替レートは、1ドル＝110円である。

(3) 有価証券はすべて当期首に@98.0円で購入したA社社債（額面総額18,000千円　年利3.0％　利払日　毎年9月と3月の末日　償還期日20×9年3月31日）である。この社債はその他有価証券に分類されており、期末の時価は17,910千円である。償却原価法（定額法）を適用するとともに評価替えを行う。また、実効税率を30％として税効果会計を適用する。

(4) 退職給付引当金への当期繰入額は3,820千円であり、このうち3,260千円は工事原価、560千円は販売費及び一般管理費である。なお、現場作業員の退職給付引当金については、月次原価計算で月額260千円の予定計算を実施しており、20×8年3月までの毎月の予定額は、未成工事支出金の借方と退職給付引当金の貸方にすでに計上されている。この予定計上額と実際発生額との差額は工事原価に加減する。

(5) 期末時点で施工中の工事は次の工事だけであり、収益認識には原価比例法による工事進行基準を適用している。

　　工事期間は4年（20×5年4月1日～20×9年3月31日）、当初契約時の工事収益総額は750,000千円、工事原価総額の見積額は600,000千円で、前受金として着手前に200,000千円、第2期末に150,000千円をそれぞれ受領している。

　　当期末までの工事原価発生額は、第1期が125,000千円、第2期が135,000千円、第3期が240,000千円であった。資材価格と人件費の高騰により、第3期首に工事原価総額の見積りを650,000千円に変更するとともに、交渉により、請負工事代金総額を780,000千円とすることが認められた。

(6) 受取手形と完成工事未収入金の期末残高に対して2％の貸倒引当金を設定する（差額補充法）。このうち1,300千円については税務上損金算入が認められないため、実効税率を30％として税効果会計を適用する。

(7) 当期の完成工事高に対して0.5％の完成工事補償引当金を設定する（差額補充法）。

(8) 法人税、住民税及び事業税と未払法人税等を計上する。なお、実効税率は30％とする。

(9) 税効果を考慮した上で、当期純損益を計上する。

## 第1問 (20点)

費用概念に関する以下の問に答えなさい。各問ともに指定した字数以内で記入すること。

問1　広義および狭義それぞれの立場における費用概念を説明しなさい。（200字）

問2　経営成績を判断するための期間利益の計算において重視されるのは、広義と狭義どちらの費用概念か、理由と共に答えなさい。（300字）

## 第2問 (14点)

貸借対照表上の資産概念に関する次の文中の　　　　の中に入れるべき最も適当な用語を下記の〈用語群〉の中から選び、その記号（ア〜チ）を解答用紙の所定の欄に記入しなさい。

　貸借対照表上の資産概念は、会計の目的によって様々に規定され、それらには　1　可能価値説、前払　2　説、経済的　3　説がある。

　　1　可能価値説によると、企業会計上の資産とは、現金に換えられる能力をもつ財貨・用役を指す。棚卸資産あるいは固定資産といった諸資産は、最終的に売却等により　1　されることをもって資産性が認められる。一般に理解しやすい概念であるが、この説によると、いわゆる　4　資産項目を貸借対照表の資産として計上する論拠はなくなってしまう。

　前払　2　説によると、期間損益計算を重視する立場から、貸借対照表上の資産は、　1　性があるから資産性が認められるのではなく、それが利用されて　2　に転化するとき、その　2　を正しく把握するという立場で資産を考えることになる。このように考えると、　4　資産にも資産性が与えられるが、将来にわたり　2　に転化することがない、貸付金などの　5　資産の資産性が問題となる。

　経済的　3　説もまた、会計の目的が期間損益の適正な算定にあるとの考えに立脚している。しかし、この説によると、会計上の資産とは、企業に経済的　3　を提供する能力を　6　的に有するものをいう。棚卸資産、固定資産、　5　資産等が企業に対して有用な経済的　3　を提供しうることは明白であるのみならず、　4　資産も将来に対して効果発現の期待をもたせうるという意味で資産性を有することになる。

　わが国の「討議資料　財務会計の概念フレームワーク」では、「資産とは、過去の取引または事象の結果として、報告主体が支配している経済的　7　である。」と定義したうえで、　4　資産についても、「将来の　3　が期待できる」という条件の下に資産の定義に反しないとしている。

〈用語群〉

| ア | 負債 | イ | 公益 | ウ | 便益 | エ | 利益 |
|---|---|---|---|---|---|---|---|
| オ | 換金 | カ | 交換 | キ | 金融 | ク | 消費性 |
| コ | 潜在 | サ | 費用 | シ | 収益 | ス | 顕在 |
| セ | 繰延 | ソ | 営業 | タ | 資金 | チ | 資源 |

**第3問**
**(16点)**

財務会計に関するわが国の基本的な考え方に照らして、以下の各記述（1〜8）のうち、全体が正しいと認められるものには「A」、認められないものには「B」を解答用紙の所定の欄に記入しなさい。

1. 決算において財務諸表を作成するにあたり、当期に取得した自己株式の取得原価を貸借対照表の純資産の部の株主資本から控除した。なお、自己株式の取得原価は、取得に要した付随費用も含めて算定した。

2. 親会社P社の決算日は毎年3月31日、子会社S社の決算日は毎年1月31日であり、連結決算日は、親会社の決算日に基づき毎年3月31日としている。連結決算にあたっては、P社およびS社の正規の決算を基礎として行っているが、差異期間中の親子会社間の取引に係る会計記録の重要な不一致については必要な整理を行っている。

3. 当社は、従業員の退職給付について、確定給付型退職給付制度を採用し、外部の信託銀行に退職給付基金を積み立てている。当期末に退職した従業員に対する退職金はすべて当該基金から支払われたので、当該支払いに関する会計処理は行わなかった。

4. 退職給付引当金（退職給付に係る負債）や資産除去債務について発生する利息費用は、財務費用なので、損益計算書において営業外費用の部に計上した。

5. 当期に行った新株の発行による収入、自己株式の取得による支出、配当金の支払いによる支出を、キャッシュ・フロー計算書の投資活動によるキャッシュ・フローの区分に計上した。

6. 株式会社は、その設立時に定款に定められた発行可能株式総数の4分の1以上の株式を発行しなければならないが、証券会社の事務手数料等の発行に要した諸経費は、株式交付費として処理する。株式交付費は支出時に費用として処理することを原則とするが、これを繰延資産として3年以内の期間で償却することが実務上認められている。

7. 保有している満期保有目的の債券についてデリバティブ取引によりヘッジを行ってきたが、ヘッジ対象の時価の上昇が極めて大幅になったため、当該ヘッジ手段はヘッジの要件を充たさなくなったと判断した。このため、当期よりヘッジ会計の適用を中止したが、前期まで繰り延べてきたヘッジ手段に係る損失は、ヘッジ対象に係る損益が認識されるまで引き続き繰り延べることとした。なお、ヘッジ対象の含み益が満期までにヘッジ手段に係る繰延損失を下回ることは予想されない。

8. 積立金は、その取崩が会社の純資産の額の減少を前提にするか否かを基準に、積極性積立金と消極性積立金の2つに分類される。これらのうち、その目的取崩が純資産の額の減少を前提とするものを積極性積立金といい、前提としないものを消極性積立金という。

第4問
(14点)

次の〈資料〉に基づき下の設問に解答しなさい。なお、使用する勘定科目は下記の〈勘定科目群〉から選び、その記号（ア～コ）と勘定科目を書くこと。

〈資料〉

当社（決算日：3月31日）は、20×2年4月1日にA社発行の固定利付社債を3,000,000円（償還期日：20×6年3月31日）で購入し、これをその他有価証券に分類した。購入と同時に、当該社債の価格変動リスクをヘッジするために、同一数量のA社社債について先渡契約（決済日：20×6年3月31日、決済価額：3,000,000円、売り予約）を締結した。その後、市場利子率の上昇により、20×3年3月31日のA社社債の時価は2,958,000円、先渡契約の時価は42,000円となった。なお、先渡契約の締結にかかる手数料はゼロとし、繰延ヘッジ、時価ヘッジともに、実効税率を30％として税効果会計を適用する。

問1 繰延ヘッジをした場合の20×2年度決算時（20×3年3月31日）の仕訳を、社債に係る仕訳と先渡契約に係る仕訳とに分けて答えなさい。

問2 時価ヘッジをした場合の20×2年度決算時（20×3年3月31日）の仕訳を、社債に係る仕訳と先渡契約に係る仕訳とに分けて答えなさい。

〈勘定科目群〉

| ア | 先渡契約 | イ | 先渡契約損益 | ウ | 繰延ヘッジ損益 |
| エ | 法人税等調整額 | オ | その他有価証券 | カ | 繰延税金資産 |
| キ | 繰延税金負債 | ク | その他有価証券評価差額金 | コ | 有価証券評価損益 |

第5問
(36点)

次の〈決算整理事項等〉に基づき、解答用紙に示されているX建設株式会社の当会計年度（20×7年4月1日～20×8年3月31日）に係る精算表を完成しなさい。

ただし、計算過程で端数が生じた場合は、計算の最終段階で千円未満の端数を切り捨てること。なお、整理の過程で新たに生じる勘定科目で、精算表上に指定されている科目は、そこに記入すること。

〈決算整理事項等〉

(1) 機械装置は、20×1年4月1日に取得し、同日より使用を開始したものであり、取得した時点での条件は次のとおりである。

取得原価 30,000千円　残存価額 ゼロ　耐用年数 10年　減価償却方法 定額法

この資産について、期末に減損の兆候が見られたため、割引前のキャッシュ・フローの総額を見積もったところ、8,100千円であった。また、割引後のキャッシュ・フローの総額は7,941千円と算定され、これは正味売却価額よりも大きかった。なお、減価償却費のうち70％は未成工事支出金に、30％は完成工事原価に計上する。

(2) 貸付金1,300千円のうち920千円は、1ドル＝115.00円の時に貸し付けたものである。期末時点の為替レートは、1ドル＝117.50円である。

(3) 社債（償還期間：5年　年利：2％　利払日：毎年9月と3月の末日、年2回）はすべて20×4年4月1日に額面総額20,000千円を@98.0円で発行し、償却原価法（定額法）を適用してきた。

36

この社債のうち、額面10,000千円分を当期首（20×7年4月1日）に@99.3円で買入償還したが、その際に次のように処理していた。

（借）社　　　　　債　9,930,000　　　（貸）現　金　預　金　9,930,000

上の処理を修正するとともに、残りの社債に対して償却原価法（定額法）を適用する。また同時に、減債積立金10,000千円を取り崩す。なお、当期の社債の利払いについては、適切に処理されている。

(4) 退職給付引当金への当期繰入額は2,650千円であり、このうち2,150千円は工事原価、500千円は販売費及び一般管理費である。なお、現場作業員の退職給付引当金については、月次原価計算で月額160千円の予定計算を実施しており、20×8年3月までの毎月の予定額は、完成工事原価および未成工事支出金の借方と退職給付引当金の貸方にすでに計上されている。この予定計上額と実際発生額との差額は未成工事支出金に加減する。

(5) 期末時点で施工中の工事は次の工事だけであり、収益認識には原価比例法による工事進行基準を適用している。

工事期間は4年（20×5年4月1日～20×9年3月31日）、当初契約時の工事収益総額は960,000千円、工事原価総額の見積額は700,000千円で、前受金として着手前に300,000千円、第2期末に200,000千円をそれぞれ受領している。

当期末までの工事原価発生額は、第1期が147,000千円、第2期が189,000千円、第3期が211,500千円であった。資材価格と人件費の高騰により、第3期末に工事原価総額の見積りを750,000千円に変更するとともに、交渉により、請負工事代金総額を1,000,000千円とすることが認められた。

(6) 受取手形と完成工事未収入金の期末残高に対して2％の貸倒引当金を設定する（差額補充法）。このうち1,500千円については税務上損金算入が認められないため、実効税率を30％として税効果会計を適用する。

(7) 当期の完成工事高に対して0.5％の完成工事補償引当金を設定する（差額補充法）。

(8) 法人税、住民税及び事業税と未払法人税等を計上する。なお、実効税率は30％とする。

(9) 税効果を考慮した上で、当期純損益を計上する。

**第1問**
（20点）
工事進行基準に関する以下の問に答えなさい。各問ともに指定した字数以内で記入すること。

問1　工事進行基準を説明するとともに、この基準の適用要件を答えなさい。（200字）
問2　総額請負契約、原価補償契約、単価精算契約それぞれについて、工事進行基準による工事収益額の測定方法を説明しなさい。（300字）

**第2問**
（14点）
建設業会計における負債に関する次の文中の　　　　の中に入れるべき最も適当な用語を下記の〈用語群〉の中から選び、その記号（ア～ネ）を解答用紙の所定の欄に記入しなさい。

　負債は、その発生原因により、　1　取引から生じた債務、　2　取引から生じた債務、損益計算から生じた債務の3つに区別される。また、これらの負債は、　3　支出を伴うか否かにより　3　債務と非　3　債務の2つに区別される。

　　1　取引から生じた債務のうち　3　債務は、手形債務とその他の　3　債務とに分けられる。これらのうちその他の　3　債務には、①原料・資材などの購入、発注工事の引き渡しなどの生産活動に関連して発生した債務、②経費および一般管理活動にもとづいて発生した債務、③固定資産の購入その他の通常の取引以外の取引により発生した債務がある。これらのうち、①は　4　の項目で、②と③は未払金またはその発生原因を示す名称の項目で貸借対照表に記載される。非　3　債務については、たとえば工事の請負代金の前受分は債務となるが、これは将来、建設物の引き渡し等のサービスの提供を通じて決済される。この点で　3　債務とは異なり、これは貸借対照表において　5　の項目で記載される。

　　2　取引から生じた債務には借入金と社債の2つがある。これらのうち借入金は、貸借対照表上、期間の長短・借入先の違いなどにより、区別して記載される。

　損益計算から生じた債務とは、期間利益の計算を正確に行うための期間収益・期間費用の帰属計算の結果生じた貸方項目をいう。これには、　6　、未払費用、および　7　がある。これらのうち、　6　と未払費用については、見越負債あるいは累積中の債務という一定の債務性が認められるが、　7　は条件付債務や非債務などであり、法的な性質は異なる。

〈用語群〉

| | | | |
|---|---|---|---|
| ア　投資 | イ　財務 | ウ　資本 | エ　積立金 |
| オ　準備金 | カ　引当金 | キ　営業 | ク　経常 |
| コ　臨時 | サ　完成工事未収入金 | シ　未収入金 | ス　工事未払金 |
| セ　未収収益 | ソ　前受収益 | タ　前受金 | チ　未成工事受入金 |
| ト　未成工事支出金 | ナ　流動 | ニ　固定 | ネ　金銭 |

**第3問** (16点)　財務会計に関するわが国の基本的な考え方に照らして、以下の会計処理のうち、認められるものには「Ａ」、認められないものには「Ｂ」を解答用紙の所定の欄に記入しなさい。

1. かねて発行していた新株予約権（自己新株予約権）を取得した。なお、自己新株予約権の代価と取得に要した付随費用とを合算して自己新株予約権の取得原価とした。

2. 建設業を事業目的としている当社は、短期売買（トレーディング）目的で甲社株式を購入した。なお、キャッシュ・フロー計算書において、当該売買にかかるキャッシュ・フローは、その保有目的に合わせて営業活動によるキャッシュ・フローの区分に計上した。

3. 耐用年数が到来したが、なお使用中の機械について、その金額が少額であったために、未償却残高（残存価額）を簿外資産として処理した。

4. 使用中の機械が故障したが、工事に支障がないために修理は次期に行うこととした。これに伴い発生する修繕費についても、その金額が少額であったために、当期においては修繕引当金を計上しないこととした。

5. 得意先への証票発行事務の時間的および経済的負担軽減を目的として専用のソフトウェアを購入した。その目的は十分に達成されていると判断できたが、当該ソフトウェアの購入費については、「研究開発費等に係る会計基準」に従い、当期の費用として処理した。

6. 建設現場で使用する機械を購入したが、当社の資金繰りの関係上、販売会社に代金は５回の分割払いとすることを申し入れ承諾された。当期のキャッシュ・フロー計算書では、当該分割払いが当社にとっては資金調達に該当するため、決算時に支払済みとなっていた３回分の分割代金は財務活動によるキャッシュ・フローの区分に計上した。

7. 機械装置の減価償却方法を、正当な理由により、定額法から定率法に変更した。減価償却方法の変更は会計方針の変更に該当するが、「会計方針の開示、会計上の変更及び誤謬の訂正に関する会計基準」に従い遡及適用は行わなかった。

8. 当社は、取引先乙社の借入金について債務保証をしている。乙社の財政状況は良好で、当面、当該借入金が返済不能になる危険は見込まれないが、保守主義の観点から、当該借入金全額について債務保証損失引当金を計上し、その繰入額を当期の損益計算書に計上した。

**第4問** (14点)　Ａ社は、次の〈条件〉でＢ社と共同企業体（ジョイント・ベンチャー、以下、ＪＶという）を結成した。下の問１～問５に答えなさい。なお、仕訳において使用する勘定科目は下記の〈勘定科目群〉から選び、その記号（ア～チ）と勘定科目を書くこと。

〈条件〉
1. ＪＶの構成会社

    Ａ社（スポンサー企業）　　出資割合　70%

    Ｂ社（サブ企業）　　　　　出資割合　30%

    会計期間は両社とも１年間、決算期も同一である。

2. ＪＶ工事の内容

    請負金額　　　¥70,000,000

    工事原価　　　¥56,000,000

    工事総利益　　¥14,000,000

    （注）消費税は考慮しない。

3．ＪＶにおいて発生した取引は、各構成員に直ちに通知する。

4．ＪＶの会計処理は、独立会計方式による。

5．ＪＶの完成工事高については、工事完成基準で計上する。

問1　ＪＶは発注者より工事に係る前受金￥20,000,000を受け取り、直ちに当座預金に入金した。なお、この前受金は構成員に分配しない。ＪＶとＡ社の仕訳を示しなさい。

問2　工事原価￥56,000,000が発生したが、代金は未払いである。ＪＶはこの原価について各構成員に出資の請求をした。ＪＶとＢ社の仕訳を示しなさい。

問3　工事原価￥56,000,000を支払うため、前受金￥20,000,000で充当できない不足分につき構成員各社が現金で出資し、ＪＶは直ちに当座預金に入金した。ＪＶとＢ社の仕訳を示しなさい。

問4　ＪＶは問3の対価を、小切手を振り出して支払った。ＪＶとＡ社の仕訳を示しなさい。

問5　ＪＶの決算におけるＪＶとＡ社の仕訳を示しなさい。なお、工事は完成し、すでに発注者に引き渡し済みである。

〈勘定科目群〉

| | | | |
|---|---|---|---|
| ア　現金 | イ　当座預金 | ウ　資本金 | エ　完成工事原価 |
| オ　完成工事高 | カ　完成工事未収入金 | キ　未収入金 | ク　未成工事受入金 |
| コ　前受金 | サ　未成工事支出金 | シ　建設仮勘定 | ス　ＪＶ出資金 |
| セ　Ａ社出資金 | ソ　Ｂ社出資金 | タ　工事未払金 | チ　未払分配金 |

**第5問**
（36点）　次の〈決算整理事項等〉に基づき、解答用紙に示されているＹ建設株式会社の当会計年度（20×7年4月1日～20×8年3月31日）に係る精算表を完成しなさい。

　　ただし、計算過程で端数が生じた場合は、計算の最終段階で千円未満の端数を切り捨てること。なお、整理の過程で新たに生じる勘定科目で、精算表上に指定されている科目は、そこに記入し、（　）については各自で考えること。

〈決算整理事項等〉

1．機械装置のうち1台は、20×3年4月1日に取得し、同日より使用を開始したものであり、取得した時点での条件は次のとおりである。

　　　取得原価　20,000千円　　残存価額　2,000千円　　耐用年数　5年

　　　減価償却方法　定額法

　　　使用終了時に当該機械装置を撤去する契約上の義務があり、撤去に要する支出額は1,000千円と見積られた。

　　　当該義務について資産除去債務を計上し（割引率3％）、処理を行ってきた。

　　　当該機械装置の使用が20×8年3月31日に終了したので撤去すると共に売却した。撤去に要した実際の支出額は1,050千円、売却額は2,120千円であった。必要な決算処理を行うと同時に、当該撤去・売却取引を次のように処理していたので修正する。なお、減価償却費は完成工事原価に計上する。

　　　（借）仮　払　金　1,050,000　　（貸）現金預金　1,050,000
　　　（借）現金預金　2,120,000　　（貸）仮　受　金　2,120,000

2．1で処理した機械装置以外の機械装置（同一機種で5台）は、20×1年4月1日に取得し、同日より使用を開始したものであり、取得した時点での条件は次のとおりである。

　　　取得原価：60,000千円　　残存価額：ゼロ　　耐用年数：10年　　減価償却方法：定額法

　　しかし、これらの機械装置のうち1台が決算日に水没し、今後使用できないことが判明したために廃棄処分する。なお、減価償却費は全額未成工事支出金に計上し、廃棄処分に伴い発生する損失は固定資産除却損に計上すること。

3．有価証券はすべて20×6年4月1日に＠97.0円で購入したA社社債（額面総額：20,000千円、年利：2.0％、利払日：毎年9月と3月の末日、償還期日：20×9年3月31日）である。この社債はその他有価証券に分類されており、期末の時価は19,950千円である。償却原価法（定額法）を適用すると共に評価替えを行う。また、実効税率を30％として税効果会計を適用する。

4．退職給付引当金への当期繰入額は3,050千円であり、このうち2,520千円は工事原価、530千円は販売費及び一般管理費である。なお、現場作業員の退職給付引当金については、月次原価計算で月額225千円の予定計算を実施しており、20×8年3月までの毎月の予定額は、未成工事支出金の借方と退職給付引当金の貸方にすでに計上されている。この予定計上額と実際発生額との差額は、未成工事支出金および退職給付引当金に加減する。

5．期末時点で施工中の工事は次の工事だけであり、収益認識には原価比例法による工事進行基準を適用している。

　　工事期間は4年（20×5年4月1日～20×9年3月31日）、当初契約時の工事収益総額は750,000千円、工事原価総額の見積額は630,000千円で、前受金として着手前に200,000千円、第2期末に150,000千円をそれぞれ受領している。

　　当期末までの工事原価発生額は、第1期が107,100千円、第2期が132,300千円、第3期が202,600千円であった。資材価格と人件費の高騰により、第3期首（当期首）に工事原価総額の見積りを680,000千円に変更するとともに、交渉により、請負工事代金総額を780,000千円とすることが認められた。

6．受取手形と完成工事未収入金の期末残高に対して2％の貸倒引当金を設定する（差額補充法）。このうち1,300千円については税務上損金算入が認められないため、実効税率を30％として税効果会計を適用する。

7．当期の完成工事高に対して0.5％の完成工事補償引当金を設定する（差額補充法）。

8．法人税、住民税及び事業税と未払法人税等を計上する。なお、実効税率は30％とする。

9．税効果を考慮した上で、当期純損益を計上する。

# 第**2**部

## 解答・解答への道編

# 第23回　解答

**第1問** 20点　解答にあたっては、各問とも指定した字数以内（句読点を含む）で記入すること。

問1

費用配分の原則は、資産の取得原価を、所定の方法に従
い、その資産の効用の減少の程度を反映するように、❷ そ
の利用期間および消費期間において、費用として計画的
、規則的に配分することを要請する規範理念である。❹
この原則は全ての資産に適用されるものではなく、費用
化される資産である費用性資産についてのみ適用され、❷
売掛金などの貨幣性資産については適用されない。❷

問2

費用配分の原則が、企業会計上重要な原則である理由は
、損益計算書と貸借対照表の両者にかかわっているから
である。❹ それは、費用配分の原則が、費用の金額を決定
する測定原則であると同時に、資産の金額を決定する評
価原則でもあるからである。❹
具体的には、費用性資産への支出額を当期に配分される
部分と、次期に繰越される部分とに配分するということ
は、前者の配分額が当期の損益計算書上の費用となり、
後者の配分額が当期の貸借対照表に計上される当該資産
の価額になるのである。❷

45

## 第2問 | 14点

記号（ア～タ）

| 1 | 2 | 3 | 4 | 5 | 6 | 7 |
|---|---|---|---|---|---|---|
| サ | イ | ソ | キ | ア | ス | タ |

各❷

## 第3問 | 16点

記号（AまたはB）

| 1 | 2 | 3 | 4 | 5 | 6 | 7 | 8 |
|---|---|---|---|---|---|---|---|
| A | B | B | B | A | A | B | B |

各❷

## 第4問 | 14点　記号（ア～ス）も必ず記入のこと

| | | 借　方 | | | 貸　方 | | |
|---|---|---|---|---|---|---|---|
| | 記号 | 勘定科目 | 金額 | 記号 | 勘定科目 | 金額 | |
| 問1 | カ | リース資産 | 21 600 000 | サ | リース債務 | 21 600 000 | ❹ |
| 問2 | ウ | 支払利息 | 240 000 | ア | 現金預金 | 2 400 000 | ❹ |
| | サ | リース債務 | 2 160 000 | | | | |
| 問3 | ク | 減価償却費 | 2 160 000 | シ | 減価償却累計額 | 2 160 000 | ❸ |
| 問4 | ク | 減価償却費 | 1 620 000 | シ | 減価償却累計額 | 1 620 000 | ❸ |

**第5問 | 36点**

精　算　表　　　　　　　　　　　　　　　　（単位：千円）

| 勘定科目 | 残高試算表 借方 | 残高試算表 貸方 | 整理記入 借方 | 整理記入 貸方 | 損益計算書 借方 | 損益計算書 貸方 | 貸借対照表 借方 | 貸借対照表 貸方 |
|---|---|---|---|---|---|---|---|---|
| 現 金 預 金 | 22410 | | | | | | 22410 | |
| 受 取 手 形 | 30000 | | | | | | 30000 | |
| 貸 倒 引 当 金 | | 1200 | | 1800 | | | | 3000 |
| 未成工事支出金 | 203190 | | 4000 / 160 / 1150 | 208500 | | | | |
| 機 械 装 置 | 40000 | | | 4800 | | | ❸35200 | |
| 機械装置減価償却累計額 | | 8000 | | 4000 | | | | 12000 |
| 土 地 | 16000 | | | | | | 16000 | |
| 投 資 有 価 証 券 | 2300 | | | 250 | | | 2050 | |
| 買 建 オ プ シ ョ ン | 120 | | 230 | | | | 350 | |
| そ の 他 の 諸 資 産 | 19520 | | | | | | 19520 | |
| 工 事 未 払 金 | | 13400 | | | | | | 13400 |
| 未成工事受入金 | | 136000 | 136000 | | | | | |
| 完成工事補償引当金 | | 130 | | 1150 | | | | ❸1280 |
| 借 入 金 | | 5000 | | | | | | 5000 |
| 退職給付引当金 | | 4200 | | 820 | | | | ❸5020 |
| そ の 他 の 諸 負 債 | | 11970 | | | | | | 11970 |
| 資 本 金 | | 150000 | | | | | | 150000 |
| 資 本 準 備 金 | | 11000 | | | | | | 11000 |
| 利 益 準 備 金 | | 9000 | | | | | | 9000 |
| 繰 越 利 益 剰 余 金 | | 4800 | | | | | | 4800 |
| 雑 収 入 | | 3160 | | | | 3160 | | |
| 販売費及び一般管理費 | 22430 | | 660 | | ❸23090 | | | |
| そ の 他 の 諸 費 用 | 1890 | | 50 | | 1940 | | | |
| | 357860 | 357860 | | | | | | |
| 機械装置減損損失 | | | 4800 | | 4800 | | | |
| 貸倒引当金繰入額 | | | 1800 | | ❸1800 | | | |
| その他有価証券評価差額金 | | | 150 | | | | ❸150 | |
| 繰 延 ヘ ッ ジ 損 益 | | | | 138 | | | | ❸138 |
| 繰 延 税 金 資 産 | | | 100 / 440 | | | | 540 | |
| 繰 延 税 金 負 債 | | | | 92 | | | | 92 |
| 完成工事未収入金 | | | 120000 | | | | 120000 | |
| 完 成 工 事 高 | | | | 256000 | | ❸256000 | | |
| 完 成 工 事 原 価 | | | 208500 | | ❸208500 | | | |
| 未 払 費 用 | | | | 50 | | | | ❸50 |
| 未 払 法 人 税 等 | | | | 8052 | | | | 8052 |
| 法人税,住民税及び事業税 | | | 8052 | | ❸8052 | | | |
| 法 人 税 等 調 整 額 | | | | 440 | | 440 | | |
| | | | 486092 | 486092 | 248182 | 259600 | 246220 | 234802 |
| 当 期 （ 純 利 益 ） | | | | | ❸11418 | | | 11418 |
| | | | | | 259600 | 259600 | 246220 | 246220 |

●数字…予想配点

## 第1問 ● 記述問題（費用配分の原則）

### 問1 費用配分の原則の意味

費用配分の原則とは、資産の取得原価をその利用期間および消費期間において、費用として計画的、規則的に配分することを要請する規範理念であり、棚卸資産、有形固定資産、無形固定資産、繰延資産等の費用性資産についてのみ適用される。

### 問2 費用配分の原則が企業会計上重視される理由

費用配分の原則が、企業会計上重要な原則である理由は、費用の金額を決定する測定原則であると同時に、資産の金額を決定する評価原則でもあり、損益計算書と貸借対照表の両者にかかわっているからである。

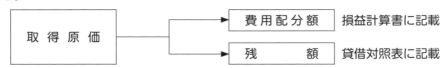

## 第2問 ● 空欄記入問題（記号選択）

会計上の変更および過去の誤謬の訂正があった場合には、原則として次のように取り扱う。

| | | | 原則的な取扱い |
|---|---|---|---|
| 会計上の変更 | 会計方針の変更 | 遡及処理する | 遡及適用 |
| | 表示方法の変更 | | 財務諸表の組替え |
| | 会計上の見積りの変更 | 遡及処理しない | 当期または当期以後の財務諸表に反映させる |
| 過去の誤謬の訂正 | | 遡及処理する | 修正再表示 |

（注1）「会計方針」とは、財務諸表の作成にあたって採用した会計処理の原則および手続をいう。

（注2）「会計上の見積り」とは、資産および負債や収益および費用などの額に不確実性がある場合において、財務諸表作成時に入手可能な情報にもとづいて、その合理的な金額を算出することをいう。

（注3）「誤謬」とは、原因となる行為が意図的であるか否かにかかわらず、財務諸表作成時に入手可能な情報を使用しなかったことによる、またはこれを誤用したことによる誤りをいう。

（注4）遡及処理とは、①新たな会計方針や表示方法を過去の財務諸表にさかのぼって適用していたかのように会計処理し、表示の方法を変更すること、または、②過去の財務諸表における誤謬の訂正を財務諸表に反映することをいう。

（注5）修正再表示とは、過去の財務諸表における誤謬の訂正を財務諸表に反映することをいう。

## 第3問 ● 正誤問題

誤ったもの「B」についてのみ解説する。

2．会社設立に要した諸費用（証券会社の事務手数料等）は、創立費として処理する。創立費を繰延資産計上した場合の償却期間は5年内である。

3．利益準備金およびその他利益剰余金についての資本金組入れも認められる。

4．準備金総額が資本金額の4分の1を超過している場合でも、その他資本剰余金にはできない。

7．自己株式の取得に関する付随費用は、支払手数料（営業外費用）として処理する。

8．権利行使されなかった新株予約権の払込金額は、新株予約権戻入益（特別利益）として処理する。

## 第4問 ● リース会計（以下、単位：円）

本問は、問1 ～ 問3 は所有権移転外ファイナンス・リースに関する仕訳問題であり、問4 は所有権移転ファイナンス・リースに関する仕訳問題である。

ファイナンス・リース取引については、通常の売買取引に係る方法に準じた会計処理（売買処理）を行う。売買処理とは、リース会社からリース物件を購入し、購入代金を分割で返済するとみなした処理である。

そのため、リース契約時にリース料総額から利息相当額を控除した額をリース資産・リース債務として計上し、リース料支払時にリース料に含まれる利息を計上する。

### 問1 リース取引開始日の仕訳

| （リース資産）（＊） | 21,600,000 | （リース債務） | 21,600,000 |
| --- | --- | --- | --- |

（＊）24,000,000〈リース料総額〉－2,400,000〈支払利息相当額〉＝21,600,000〈取得原価相当額〉

### 問2 リース料支払いの仕訳

| （支払利息）（＊2） | 240,000 | （現金預金）（＊1） | 2,400,000 |
| --- | --- | --- | --- |
| （リース債務）（＊3） | 2,160,000 | | |

（＊1）24,000,000〈リース料総額〉÷10年〈リース期間〉＝2,400,000〈年リース料〉

（＊2）2,400,000〈利息相当額〉÷10年〈リース期間〉＝240,000〈支払利息〉

（＊3）2,400,000〈年リース料〉－240,000〈支払利息〉＝2,160,000〈リース債務の返済額〉

### 問3 決算時の仕訳（減価償却費の計上）

| （減価償却費）（＊） | 2,160,000 | （減価償却累計額） | 2,160,000 |
| --- | --- | --- | --- |

（＊）21,600,000〈取得原価相当額〉÷10年〈リース期間〉＝2,160,000〈減価償却費〉

### 問4 決算時の仕訳（減価償却費の計上）

| （減価償却費）（＊） | 1,620,000 | （減価償却累計額） | 1,620,000 |
| --- | --- | --- | --- |

（＊）21,600,000〈取得原価相当額〉×0.9÷12年〈耐用年数〉＝1,620,000〈減価償却費〉

## 第5問 ● 精算表（以下、単位：千円）

### (1) 機械装置

① 減価償却

| （未成工事支出金）（＊） | 4,000 | （機械装置減価償却累計額） | 4,000 |
|---|---|---|---|

（＊）40,000〈取得原価〉÷10年＝4,000

∴ 減価償却後の機械装置減価償却累計額：8,000＋4,000＝12,000

② 減損会計

| （機械装置減損損失）（＊） | 4,800 | （機 械） | 4,800 |
|---|---|---|---|

（＊）40,000〈取得原価〉－12,000〈機械装置減価償却累計額〉＝28,000〈帳簿価額〉

28,000〈帳簿価額〉 ＞ 26,000〈割引前のキャッシュ・フローの総額〉 ∴減損損失を認識する

28,000〈帳簿価額〉－23,200〈割引後のキャッシュ・フローの総額＝回収可能価額〉＝4,800

### (2) その他有価証券の時価評価

| （繰延税金資産）（＊2） | 100 | （投資有価証券）（＊1） | 250 |
|---|---|---|---|
| （その他有価証券評価差額金）（＊3） | 150 | | |

（＊1）2,050〈時価〉－2,300〈T/B投資有価証券〉＝△250〈評価損〉

（＊2）250×40％〈税率〉＝100

（＊3）250－100＝150

### (3) 買建オプション

| （買建オプション）（＊1） | 230 | （繰延税金負債）（＊2） | 92 |
|---|---|---|---|
| | | （繰延ヘッジ損益）（＊3） | 138 |

（＊1）350〈期末時価〉－120〈取得原価〉＝230〈評価益〉

（＊2）230×40％〈税率〉＝92

（＊3）230－92＝138

### (4) 退職給付引当金（予定計上額の修正と販売費及び一般管理費の計上）

| （未成工事支出金）（＊1） | 160 | （退職給付引当金）（＊2） | 820 |
|---|---|---|---|
| （販売費及び一般管理費） | 660 | | |

（＊1）130×12ヵ月＝1,560〈予定計上額〉

1,720〈実際計上額〉－1,560〈予定計上額〉＝160〈加算修正〉

（＊2）160＋660＝820

(5) **完成工事高の計上と未成工事支出金の完成工事原価への振替え**

| | | | |
|---|---|---|---|
| （未成工事受入金）（＊2）136,000 | | （完成工事高）（＊1）256,000 | |
| （完成工事未収入金）（＊3）120,000 | | | |
| （完成工事原価）（注）208,500 | | （未成工事支出金）208,500 | |

（＊1） $\dfrac{181,500}{550,000}=0.33$〈第1期の工事進捗度〉

$800,000 \times 0.33 = 264,000$〈第1期の完成工事高〉

$\dfrac{181,500+208,500}{600,000}=0.65$〈第2期までの工事進捗度〉

$800,000 \times 0.65 - 264,000$〈第1期の完成工事高〉$= 256,000$〈第2期の完成工事高〉

（＊2） $400,000 - 264,000 = 136,000$〈T／B未成工事受入金〉

（＊3） $256,000 - 136,000 = 120,000$

（注）この段階では、後述する完成工事補償引当金の計上が未処理であるため計算することができないが、計算済みの金額208,500千円が資料に与えられているので先に振替仕訳を示しておく。

(6) **貸倒引当金（差額補充法）と税効果会計**

| | | | |
|---|---|---|---|
| （貸倒引当金繰入額）（＊1）1,800 | | （貸倒引当金）1,800 | |
| （繰延税金資産）（＊2）440 | | （法人税等調整額）440 | |

（＊1） （30,000〈T／B受取手形〉＋120,000〈完成工事未収入金〉）× 2 ％ ＝ 3,000〈設定額〉

$3,000 - 1,200$〈T／B貸倒引当金〉$= 1,800$〈繰入額〉

（＊2） $1,100$〈損金不算入額〉$\times 40\%$〈税率〉$= 440$

(7) **借入金に対する利息の見越計上**

支払利息がないため、その他の諸費用で処理する。

| | | | |
|---|---|---|---|
| （その他の諸費用）（＊）50 | | （未払費用）50 | |

（＊） $5,000 \times 3\% \times \dfrac{4 ヵ月}{12 ヵ月} = 50$

(8) **完成工事補償引当金（差額補充法）**

| | | | |
|---|---|---|---|
| （未成工事支出金）（＊）1,150 | | （完成工事補償引当金）1,150 | |

（＊） $256,000$〈完成工事高〉$\times 0.5\% = 1,280$〈設定額〉

$1,280 - 130$〈T／B完成工事補償引当金〉$= 1,150$〈繰入額〉

（注）この段階で完成工事原価208,500千円を計算することができる。

未成工事支出金

| | |
|---|---|
| T／B | 203,190 |
| （1） | 4,000 |
| （4） | 160 |
| （8） | 1,150 |

完成工事原価 208,500

## ⑼ 法人税、住民税及び事業税の計上と当期純利益の計算

| （法人税、住民税及び事業税）（＊） | 8,052 | （未 払 法 人 税 等） | 8,052 |

（＊）259,160〈収益合計〉－240,130〈費用合計〉＝19,030〈税引前当期純利益〉

　　　19,030＋1,100〈損金不算入額〉＝20,130〈課税所得〉

　　　20,130×40％〈税率〉＝8,052〈法人税、住民税及び事業税〉

　なお、資料⑽に「税効果を考慮した上で、当期純損益を計上する」とあることから、税引前当期純利益に対して、税効果後の法人税、住民税及び事業税が40％、当期純利益が60％となるように計算することもできる。

| 税 引 前 当 期 純 利 益 | | 19,030 | |
| 法人税、住民税及び事業税 | 8,052 | | |
| 法 人 税 等 調 整 額 | △440 | 7,612 | ←19,030×40％ |
| 当 期 純 利 益 | | 11,418 | ←19,030×60％ |

　　　19,030〈税引前当期純利益〉×40％〈税率〉＝7,612〈税効果後の法人税、住民税及び事業税〉

　　　7,612＋440〈法人税等調整額〉＝8,052〈税効果前の法人税、住民税及び事業税〉

# 第24回 解 答

**第1問** **20点**　解答にあたっては、各問とも指定した字数以内（句読点を含む）で記入すること。

問1

有形固定資産の耐用年数の変更は、会計上の見積りの変更に該当する。❹会計上の見積りの変更は、当該変更が変更期間（当期）にのみ影響する場合には、当該変更期間に会計処理を行い、当該変更が将来（次期以降）の期間にも影響する場合には、将来にわたり会計処理を行うが、耐用年数の変更は後者に該当する。❷従って、当期以降の期間で、耐用年数変更時の未償却残高を変更後の残存耐用年数により減価償却を行い、遡及適用は行わない。❹

問2

減価償却方法の変更は、会計方針の変更に該当するが、❷会計上の見積りの変更と同様に会計処理を行い、遡及適用は行わない。❷従って、定率法から定額法に変更した場合には、当期以降の期間で、変更前の未償却残高を変更後の残存耐用年数にもとづく定額法により減価償却を行う。❷

会計上の見積りの変更と同様に会計処理を行う理由は、減価償却方法の変更は、会計方針の変更ではあるが、その変更の場面においては、固定資産に関する経済的便益の消費パターンに関する見積りの変更に伴うものと考えられることから、会計方針の変更を会計上の見積りの変更と区別することが困難な場合に該当するためである。❹

**第2問** 14点

記号（ア〜タ）

| 1 | 2 | 3 | 4 | 5 | 6 |
|---|---|---|---|---|---|
| サ | コ | ア | キ | ス | ソ |
| ❷ | ❸ | ❸ | ❷ | ❷ | ❷ |

**第3問** 16点

記号（AまたはB）

| 1 | 2 | 3 | 4 | 5 | 6 | 7 | 8 | |
|---|---|---|---|---|---|---|---|---|
| A | B | B | B | B | B | A | A | 各❷ |

**第4問** 14点

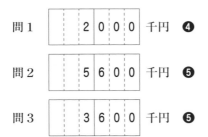

問1　　2 0 0 0 千円 ❹

問2　　5 6 0 0 千円 ❺

問3　　3 6 0 0 千円 ❺

54

**第5問** 36点

精 算 表 （単位：千円）

| 勘定科目 | 残高試算表 借方 | 残高試算表 貸方 | 整理記入 借方 | 整理記入 貸方 | 損益計算書 借方 | 損益計算書 貸方 | 貸借対照表 借方 | 貸借対照表 貸方 |
|---|---|---|---|---|---|---|---|---|
| 現 金 預 金 | 8256 | | | | | | 8256 | |
| 受 取 手 形 | 18000 | | | | | | 18000 | |
| 貸 倒 引 当 金 | | 1300 | | 3560 | | | | 4860 |
| 未成工事支出金 | 256419 | | 1082 3000 90 1409 | 262000 | | | | |
| 機 械 装 置 | 40000 | | 820 | 2970 | | | ❸37850 | |
| 機械装置減価償却累計額 | | 6000 | | 1082 3000 | | | | ❸10082 |
| 土 地 | 10000 | | | | | | 10000 | |
| 投 資 有 価 証 券 | 2500 | | 200 | | | | 2700 | |
| その他の諸資産 | 12680 | | | | | | 12680 | |
| 工 事 未 払 金 | | 20879 | | | | | | 20879 |
| 未成工事受入金 | | 78800 | 78800 | | | | | |
| 完成工事補償引当金 | | 110 | | 1409 | | | | ❸1519 |
| 借 入 金 | | 4000 | | | | | | 4000 |
| 退職給付引当金 | | 18280 | | 340 | | | | ❸18620 |
| その他の諸負債 | | 11970 | | | | | | 11970 |
| 資 本 金 | | 200000 | | | | | | 200000 |
| 資 本 準 備 金 | | 12000 | | | | | | 12000 |
| 利 益 準 備 金 | | 8000 | | | | | | 8000 |
| 繰越利益剰余金 | | 3200 | | | | | | 3200 |
| 雑 収 入 | | 2876 | | | | 2876 | | |
| 販売費及び一般管理費 | 18240 | | 250 | | 18490 | | | |
| その他の諸費用 | 1320 | | | 70 | 1250 | | | |
| | 367415 | 367415 | | | | | | |
| 資 産 除 去 債 務 | | | | 820 16 | | | | ❸836 |
| 利 息 費 用 | | | 16 | | 16 | | | |
| 機械装置減損損失 | | | 2970 | | 2970 | | | |
| 貸倒引当金繰入額 | | | 3560 | | ❸3560 | | | |
| その他有価証券評価差額金 | | | | 140 | | | | ❸140 |
| 繰 延 税 金 資 産 | | | 270 | | | | 270 | |
| 繰 延 税 金 負 債 | | | | 60 | | | | 60 |
| 完成工事未収入金 | | | 225000 | | | | 225000 | |
| 完 成 工 事 高 | | | | 303800 | | ❸303800 | | |
| 完 成 工 事 原 価 | | | 262000 | | ❸262000 | | | |
| 前 払 費 用 | | | 70 | | | | ❸70 | |
| 未 払 法 人 税 等 | | | | 5787 | | | | 5787 |
| 法人税、住民税及び事業税 | | | 5787 | | ❸5787 | | | |
| 法人税等調整額 | | | | 270 | | 270 | | |
| | | | 585324 | 585324 | 294073 | 306946 | 314826 | 301953 |
| 当 期 (純 利 益) | | | | | ❸12873 | | | 12873 |
| | | | | | 306946 | 306946 | 314826 | 314826 |

●数字…予想配点

## 第1問 ● 記述問題（会計上の変更及び誤謬の訂正）

### 問1 有形固定資産の耐用年数に変更が生じた場合

　有形固定資産の耐用年数に変更は、会計上の見積りの変更に該当し、当該変更が将来の期間にも影響する変更に該当する。したがって、当期以降の期間で、耐用年数変更時の未償却残高を変更後の残存耐用年数により減価償却を行う。

### 問2 有形固定資産の減価償却方法を変更した場合

　有形固定資産の減価償却方法の変更は、会計方針の変更に該当するが、会計上の見積りの変更と同様の会計処理を行う。したがって、当期以降の期間で、変更前の未償却残高を変更後の残存耐用年数により変更後の償却方法で減価償却を行う。

### 【参　考】会計上の変更及び誤謬の訂正に関する会計基準

会計上の変更および過去の誤謬の訂正があった場合には、原則として次のように取り扱う。

| | | | 原則的な取扱い |
|---|---|---|---|
| 会計上の変更 | 会 計 方 針 の 変 更 | 遡及処理する | 遡及適用 |
| | 表 示 方 法 の 変 更 | | 財務諸表の組替え |
| | 会計上の見積りの変更 | 遡及処理しない | 当期または当期以後の財務諸表に反映させる |
| 過　去　の　誤　謬　の　訂　正 | | 遡及処理する | 修正再表示 |

（注１）「会計方針」とは、財務諸表の作成にあたって採用した会計処理の原則および手続をいう。

（注２）「会計上の見積り」とは、資産および負債や収益および費用などの額に不確実性がある場合において、財務諸表作成時に入手可能な情報にもとづいて、その合理的な金額を算出することをいう。

（注３）「誤謬」とは、原因となる行為が意図的であるか否かにかかわらず、財務諸表作成時に入手可能な情報を使用しなかったことによる、またはこれを誤用したことによる誤りをいう。

（注４）遡及処理とは、①新たな会計方針や表示方法を過去の財務諸表にさかのぼって適用していたかのように会計処理し、表示の方法を変更すること、または、②過去の財務諸表における誤謬の訂正を財務諸表に反映することをいう。

（注５）修正再表示とは、過去の財務諸表における誤謬の訂正を財務諸表に反映することをいう。

## 第2問 ● 空欄記入問題（記号選択）

### (1) 税効果会計の意義

　税効果会計は、企業会計上の収益・費用と法人税法上の益金・損金の認識時点の相違などにより、企業会計上の資産・負債と法人税法上の資産・負債の額に相違がある場合において、利益に関連する金額をもとに課税する法人税などの税金（法人税等）の額を適切に期間配分することにより、法人税等を税引前当期純利益に対応させ、業績評価を適正に行えるように財務諸表を作成するための企業会計上の手続きである。

### (2) 税効果会計の方法

　税効果会計の方法には、「資産負債法」と「繰延法」とがあるが、両者の比較は以下のとおりである。

|  | 資 産 負 債 法 | 繰 延 法 |
|---|---|---|
| 特　　徴 | 企業会計と法人税法の差異を貸借対照表に視点を置いて認識しようとする方法 | 企業会計と法人税法の差異を損益計算書に視点を置いて認識しようとする方法 |
| 一時差異の定義 | 貸借対照表に計上されている資産・負債の額と法人税法上の資産・負債の額との差額をいう。 | 損益計算書に計上されている収益・費用の額と法人税法上の益金・損金の額との差額をいう。 |
| 一時差異の発生原因 | ①　収益および費用の期間帰属が相違する場合（期間差異）<br>②　評価替えにより生じた評価差額が直接純資産の部に計上される場合 | 収益および費用の期間帰属が相違する場合（期間差異）のみ |
| 適用する税率 | 差異が解消すると見込まれる年度の税率 | 差異が発生した年度の税率 |
| 税率が変更された場合 | 過年度に計上された繰延税金の額を新たな税率で再計算する。 | 過年度に計上された繰延税金の額の修正は行わない。 |

## 第3問 ● 正誤問題

　認められないもの「B」について解説する。

2．自社利用目的のソフトウェアの購入費は、将来の収益獲得または費用削減が確実であると認められる場合には無形固定資産として貸借対照表に計上する。

3．所有権移転ファイナンス・リース取引における減価償却は、経済的耐用年数により行う。

4．購入のための借入金に対する支払利息は、付随費用として取得原価に算入することは認められない。

5．社債発行費を繰延資産として計上した場合には、社債の償還期間にわたり償却する。

6．ヘッジ会計の要件が充たされなくなったときには、ヘッジ会計の要件が充たされていた間のヘッジ手段に係る損益または評価差額は、ヘッジ対象に係る損益が認識されるまで引き続き繰り延べる。

## 第4問 ● 連結会計（以下、単位：千円）

### (1) 子会社の資産および負債の評価替え（全面時価評価法）

| （諸　資　産）（＊1） | 3,000 | （諸　負　債）（＊2） | 1,000 |
|---|---|---|---|
| | | （評　価　差　額）（＊3） | 2,000 |

（＊1）38,000〈諸資産時価〉−35,000〈B／S価額〉＝3,000

（＊2）24,000〈諸負債時価〉−23,000〈B／S価額〉＝1,000

（＊3）3,000−1,000＝**2,000**〈評価差額〉

### (2) 親会社（P社）投資と子会社（S社）資本の相殺消去

| （資　　本　　金） | 10,000 | （S　社　株　式） | 12,000 |
|---|---|---|---|
| （利　益　剰　余　金） | 2,000 | （非支配株主持分）（＊1） | 5,600 |
| （評　価　差　額） | 2,000 | | |
| （の　　れ　　ん）（＊2） | 3,600 | | |

（＊1）10,000〈資本金〉＋2,000〈利益剰余金〉＋2,000〈評価差額〉＝14,000〈S社資本合計〉

14,000〈S社資本合計〉×40％＝**5,600**〈非支配株主持分〉

（＊2）14,000〈S社資本合計〉×60％＝8,400〈P社持分〉

12,000〈S社株式〉−8,400〈P社持分〉＝**3,600**〈のれん〉

## 第5問 ● 精算表（以下、単位：千円）

### (1) 機械装置（資産除去債務）

① 資産除去債務の計上

| （機　械　装　置）（＊） | 820 | （資　産　除　去　債　務） | 820 |
|---|---|---|---|

（＊）1,000×0.820＝820

② 減価償却

| （未　成　工　事　支　出　金）（＊） | 1,082 | （機械装置減価償却累計額） | 1,082 |
|---|---|---|---|

（＊）（10,000＋820）÷10年＝1,082

③ 利息費用

| （利　息　費　用）（＊） | 16 | （資　産　除　去　債　務） | 16 |
|---|---|---|---|

（＊）820×2％≒16

### (2) 機械装置（減損会計）

① 減価償却

| （未　成　工　事　支　出　金）（＊） | 3,000 | （機械装置減価償却累計額） | 3,000 |
|---|---|---|---|

（＊）30,000〈取得原価〉÷10年＝3,000

② 減損会計

| （機械装置減損損失）（＊） | 2,970 | （機　械　装　置） | 2,970 |
|---|---|---|---|

（＊）30,000〈取得原価〉－（6,000〈Ｔ／Ｂ機械装置減価償却累計額〉＋3,000）＝21,000〈帳簿価額〉

　　　21,000－18,030〈回収可能価額〉＝2,970

### (3) その他有価証券の時価評価

| （投　資　有　価　証　券）（＊1） | 200 | （繰　延　税　金　負　債）（＊2） | 60 |
|---|---|---|---|
| | | （その他有価証券評価差額金）（＊3） | 140 |

（＊1）2,700〈期末時価〉－2,500〈Ｔ／Ｂ投資有価証券〉＝200〈評価益〉

（＊2）200×30％〈税率〉＝60

（＊3）200－60＝140

### (4) 退職給付引当金（予定計上額の修正と販売費及び一般管理費の計上）

| （未　成　工　事　支　出　金）（＊1） | 90 | （退　職　給　付　引　当　金）（＊2） | 340 |
|---|---|---|---|
| （販売費及び一般管理費） | 250 | | |

（＊1）120×12ヵ月＝1,440〈予定計上額〉

　　　1,530〈実際計上額〉－1,440〈予定計上額〉＝90〈加算修正〉

（＊2）90＋250＝340

### (5) 完成工事高の計上（工事進行基準）

| （未　成　工　事　受　入　金）（＊2） | 78,800 | （完　成　工　事　高）（＊1） | 303,800 |
|---|---|---|---|
| （完成工事未収入金）（＊3） | 225,000 | | |

（＊1）$\frac{158,000}{500,000}＝0.316$〈第1期の工事進捗度〉

　　　700,000〈変更前〉×0.316＝221,200〈第1期の完成工事高〉

　　　$\frac{158,000＋262,000}{600,000}＝0.7$〈第2期までの工事進捗度〉

　　　750,000〈変更後〉×0.7－221,200〈第1期の完成工事高〉＝303,800〈第2期の完成工事高〉

（＊2）300,000－221,200〈第1期の完成工事高〉＝78,800〈Ｔ／Ｂ未成工事受入金〉

（＊3）貸借差額

### (6) 貸倒引当金（差額補充法）と税効果会計

| （貸倒引当金繰入額）（＊1） | 3,560 | （貸　倒　引　当　金） | 3,560 |
|---|---|---|---|
| （繰　延　税　金　資　産）（＊2） | 270 | （法　人　税　等　調　整　額） | 270 |

（＊1）（18,000〈Ｔ／Ｂ受取手形〉＋225,000〈完成工事未収入金〉）×2％＝4,860〈設定額〉

　　　4,860－1,300〈Ｔ／Ｂ貸倒引当金〉＝3,560〈繰入額〉

（＊2）900〈損金不算入額〉×30％〈税率〉＝270

解答への道

第24回

(7) 借入金に対する利息の繰延べ

| （前　払　費　用）（＊） | 70 | （その他の諸費用） | 70 |

（＊）$4,000〈借入金〉×3\%×\dfrac{7ヵ月}{12ヵ月}=70$

(8) 完成工事補償引当金（差額補充法）

| （未 成 工 事 支 出 金）（＊） | 1,409 | （完成工事補償引当金） | 1,409 |

（＊）$303,800〈完成工事高〉×0.5\%=1,519〈設定額〉$

$1,519-110〈T／B完成工事補償引当金〉=1,409〈繰入額〉$

(9) 未成工事支出金の完成工事原価への振替え

| （完 成 工 事 原 価）（＊） | 262,000 | （未 成 工 事 支 出 金） | 262,000 |

（＊）資料(5)より（または未成工事支出金勘定の残高より）

未成工事支出金

| T／B | 256,419 | |
|---|---|---|
| (1)② | 1,082 | |
| (2)① | 3,000 | 完成工事原価　262,000 |
| (4) | 90 | |
| (8) | 1,409 | |

(10) 法人税、住民税及び事業税の計上と当期純利益の計上

| （法人税、住民税及び事業税）（＊） | 5,787 | （未 払 法 人 税 等） | 5,787 |

（＊）$306,676〈収益合計〉-288,286〈費用合計〉=18,390〈税引前当期純利益〉$

$18,390+900〈損金不算入〉=19,290〈課税所得〉$

$19,290×30\%〈税率〉=5,787〈法人税、住民税及び事業税〉$

　なお、資料(10)に「税効果を考慮した上で、当期純利益を計上する」とあることから、税引前当期純利益に対して税効果後の法人税、住民税及び事業税が30％、当期純利益が70％となるように計算して計上することもできる。

| 税引前当期純利益 | | 18,390 | |
|---|---|---|---|
| 法人税、住民税及び事業税 | 5,787 | | |
| 法人税等調整額 | △270 | 5,517 | ←18,390×30％ |
| 当 期 純 利 益 | | 12,873 | ←18,390×70％ |

$18,390〈税引前当期純利益〉×30\%〈税率〉=5,517〈税効果後の法人税、住民税及び事業税〉$

$5,517+270〈法人税等調整額〉=5,787〈税効果前の法人税、住民税及び事業税〉$

# 第25回 解 答

**第1問** 20点　解答にあたっては、各問とも指定した字数以内（句読点を含む）で記入すること。

問1

偶発債務とは、現在は法律上の債務ではないが、将来一定の条件の発生によって法律上の債務となる可能性をもつものをいい、❻その発生原因としては、受取手形の割引または譲渡❶、子会社等に対する債務保証❶、係争中の訴訟事件❶、得意先に対する製品の保証、先物売買契約などが考えられる。❶

問2

偶発債務のうち、その発生の確率も低く、その金額も正確に見積もれないものは、通常、財務諸表に注記事項として「割引手形の額」、「従業員に対する債務保証の額」などを記載する。❹これに対して、その発生の確率が高く、かつ、その金額を合理的に見積もることのできる偶発債務については、これを引当金として計上しなければならない。❹この場合、その引当額は「債務保証損失引当金」、「損害補償損失引当金」などの科目で貸借対照表の負債の部に計上されることになる。❷

## 第2問 14点

記号（ア〜タ）

| 1 | 2 | 3 | 4 | 5 | 6 | 7 |
|---|---|---|---|---|---|---|
| セ | ウ | カ | ソ | ア | キ | オ |

各❷

※ 2、3、4は順不同

## 第3問 16点

記号（AまたはB）

| 1 | 2 | 3 | 4 | 5 | 6 | 7 | 8 |
|---|---|---|---|---|---|---|---|
| B | B | A | B | B | A | B | A |

各❷

## 第4問 14点

記号（ア〜チ）も必ず記入のこと

| | | 借 方 | | | 貸 方 | | | |
|---|---|---|---|---|---|---|---|---|
| | | 記号 | 勘 定 科 目 | 金 額 | 記号 | 勘 定 科 目 | 金 額 | |
| 問1 | JV | イ | 当 座 預 金 | 100000000 | キ | 未成工事受入金 | 100000000 | ❷ |
| | B社 | コ | J V 出 資 金 | 4000000 | キ | 未成工事受入金 | 4000000 | ❶ |
| 問2 | JV | ク | 未成工事支出金 | 28000000 | セ | 工 事 未 払 金 | 28000000 | ❷ |
| | A社 | ク | 未成工事支出金 | 16800000 | セ | 工 事 未 払 金 | 16800000 | ❶ |
| 問3 | JV | イ | 当 座 預 金 | 18000000 | サ<br>シ | A 社 出 資 金<br>B 社 出 資 金 | 10800000<br>7200000 | ❷ |
| | A社 | コ | J V 出 資 金 | 10800000 | ア | 現 金 | 10800000 | ❶ |
| 問4 | JV | セ | 工 事 未 払 金 | 28000000 | イ | 当 座 預 金 | 28000000 | ❷ |
| | B社 | セ | 工 事 未 払 金 | 11200000 | コ | J V 出 資 金 | 11200000 | ❶ |
| 問5 | A社 | エ<br>キ<br>チ | 完 成 工 事 原 価<br>未成工事受入金<br>完成工事未収入金 | 16800000<br>6000000<br>18000000 | ク<br>オ | 未成工事支出金<br>完 成 工 事 高 | 16800000<br>24000000 | ❷ |

## 第5問 [36点]

### 精算表

（単位：千円）

| 勘定科目 | 残高試算表 借方 | 残高試算表 貸方 | 整理記入 借方 | 整理記入 貸方 | 損益計算書 借方 | 損益計算書 貸方 | 貸借対照表 借方 | 貸借対照表 貸方 |
|---|---|---|---|---|---|---|---|---|
| 現 金 預 金 | 9907 | | | | | | 9907 | |
| 受 取 手 形 | 21000 | | | | | | 21000 | |
| 貸 倒 引 当 金 | | 1500 | | 6430 | | | | 7930 |
| 未成工事支出金 | 308740 | | 4800 / 160 / 1800 | 315500 | | | | |
| 機 械 装 置 | 48000 | | | 1113 | | | ❸46887 | |
| 機械装置減価償却累計額 | | 24000 | | 4800 | | | | ❸28800 |
| 土 地 | 12000 | | | | | | 12000 | |
| 投 資 有 価 証 券 | 3000 | | | 300 | | | 2700 | |
| 金 利 ス ワ ッ プ | 30 | | 140 | | | | 170 | |
| その他の諸資産 | 15216 | | | | | | 15216 | |
| 工 事 未 払 金 | | 102284 | | | | | | 102284 |
| 未成工事受入金 | | 10600 | 10600 | | | | | |
| 完成工事補償引当金 | | 130 | | 1800 | | | | ❸1930 |
| 借 入 金 | | 6000 | | | | | | 6000 |
| 退職給付引当金 | | 21936 | | 460 | | | | ❸22396 |
| その他の諸負債 | | 14364 | | | | | | 14364 |
| 資 本 金 | | 230000 | | | | | | 230000 |
| 資 本 準 備 金 | | 14000 | | | | | | 14000 |
| 利 益 準 備 金 | | 9000 | | | | | | 9000 |
| 繰越利益剰余金 | | 4100 | | | | | | 4100 |
| 雑 収 入 | | 3451 | | | | 3451 | | |
| 販売費及び一般管理費 | 21888 | | 300 | | 22188 | | | |
| その他の諸費用 | 1584 | | 80 | | 1664 | | | |
| | 441365 | 441365 | | | | | | |
| 機械装置減損損失 | | | 1113 | | 1113 | | | |
| 貸倒引当金繰入額 | | | 6430 | | ❸6430 | | | |
| 有価証券評価損 | | | 120 | | ❸120 | | | |
| その他有価証券評価差額金 | | | 126 | | | | 126 | |
| ス ワ ッ プ 評 価 益 | | | | 140 | | ❸140 | | |
| 繰 延 税 金 資 産 | | | 90 / 540 | | | | 630 | |
| 繰 延 税 金 負 債 | | | | 42 | | | | 42 |
| 完成工事未収入金 | | | 375500 | | | | 375500 | |
| 完 成 工 事 高 | | | | 386100 | | ❸386100 | | |
| 完 成 工 事 原 価 | | | 315500 | | 315500 | | | |
| 未 払 費 用 | | | | 80 | | | | ❸80 |
| 未 払 法 人 税 等 | | | | 13336 | | | | 13336 |
| 法人税、住民税及び事業税 | | | 13336 | | ❸13336 | | | |
| 法人税等調整額 | | | 42 / 540 | 36 | | ❸534 | | |
| | | | 730677 | 730677 | 360351 | 390225 | 484136 | 454262 |
| 当 期 （ 純 利 益 ） | | | | | ❸29874 | | | 29874 |
| | | | | | 390225 | 390225 | 484136 | 484136 |

●数字…予想配点

## 第1問●論述問題（偶発債務）

### 問1 偶発債務の意義

偶発債務とは、現在は法律上の債務ではないが、将来一定の条件の発生によって法律上の債務となる可能性をもつものをいう。具体的には、手形の遡求義務、債務の保証、係争事件に係る賠償義務などに起因して生じる債務である。

### 問2 偶発債務の会計上の取扱い

偶発債務は会計上、次のように取り扱う。

偶発債務 ┃ 発生の確率が低い、金額が正確に見積もれない ⇒ 財務諸表に注記
┃ 発生の確率が高く、かつ、金額を合理的に見積もることができる ⇒ 引当金を計上

## 第2問●空欄記入問題（キャッシュ・フロー計算書）

キャッシュ・フロー計算書は、一会計期間におけるキャッシュ・フローの状況を一定の活動区分別に表示するものである。

### (1) 資金の範囲

キャッシュ・フロー計算書が対象とする資金の範囲は、現金及び現金同等物である。

現金とは手許現金及び要求払預金をいい、要求払預金とはすぐに現金化できる預金をいう。また、現金同等物とは、容易に換金可能で、かつ、価値変動について僅少なリスクしか負わない短期の投資をいう。

| 資金<br>（キャッシュ） | 現金 | 手許現金 | |
|---|---|---|---|
| | | 要求払預金 | 当座預金、普通預金など |
| | 現金同等物 | 容易に換金可能で、かつ、価値変動について僅少なリスクしか負わない短期投資 | 定期預金、譲渡性預金、公社債投資信託など |

### (2) キャッシュ・フロー計算書の表示区分

キャッシュ・フロー計算書の様式は営業活動によるキャッシュ・フロー、投資活動によるキャッシュ・フローおよび財務活動によるキャッシュ・フローに区分して表示する。

## 第3問 ● 正誤問題

正しくないもの「B」について解説する。

1．真実性の原則が要請する真実とは、当該財務諸表が一般に認められた会計原則に準拠して作成されることを通じて達成されると考えられている。したがって、会計のルールの選択の仕方や会計担当者の判断の仕方によって表現する数値が異なることもある。

2．正規の簿記の原則では記録の網羅性が要求されるが、ここでいう記録の網羅性とは、すべての取引項目を完全に記録することを必ずしも要求していない。正規の簿記の原則においても、重要性の乏しい項目を帳簿に記載しないことが認められている。

4．明瞭性の原則は、財務諸表の利用者がひろく社会の各階層に及んでいる事実認識を前提に、財務諸表の形式に関し、目的整合性、概観性と詳細性の調和、表示形式の統一性と継続性など、一定の要件を満たすことを要請する規範理念である。

5．継続適用の要請は絶対的なものではなく、正当な理由にもとづく変更は認められる。

7．単一性の原則は、報告目的の差異による財務諸表の形式の多様性を容認しつつも、それぞれの財務諸表に記載される資産・負債・資本・収益・費用の金額が同一であることを要請するものである。

## 第4問 ● 共同企業体（ＪＶ）の会計（以下，単位：円）

理解を促すために，解答要求になっていない構成会社の仕訳も示しておく。

### 問1　前受金の受取り

　ＪＶが前受金を受け取り、かつ、構成会社への分配を行わない場合には、実質的にその金額を構成会社がＪＶに出資したこととなるので、各構成会社は「ＪＶ出資金」と「未成工事受入金」を計上する。

| ＪＶ | （当座預金） | 10,000,000 | （未成工事受入金） | 10,000,000 |
|---|---|---|---|---|
| A社 | （ＪＶ出資金）（＊1） 6,000,000 | | （未成工事受入金） | 6,000,000 |
| B社 | （ＪＶ出資金）（＊2） 4,000,000 | | （未成工事受入金） | 4,000,000 |

（＊1）10,000,000〈前受金〉×60％＝6,000,000

（＊2）10,000,000〈前受金〉×40％＝4,000,000

### 問2　工事原価の発生

　工事原価が発生し、ＪＶが構成会社に出資の請求をした場合には、各構成会社は「未成工事支出金」と「工事未払金」を計上する。

| ＪＶ | （未成工事支出金） | 28,000,000 | （工事未払金） | 28,000,000 |
|---|---|---|---|---|
| A社 | （未成工事支出金）（＊1）16,800,000 | | （工事未払金） | 16,800,000 |
| B社 | （未成工事支出金）（＊2）11,200,000 | | （工事未払金） | 11,200,000 |

（＊1）28,000,000〈工事原価〉×60％＝16,800,000

（＊2）28,000,000〈工事原価〉×40％＝11,200,000

**問3　工事原価支払いのための出資**

　工事原価支払いのための資金を構成会社がＪＶに出資した場合には、各構成会社は「ＪＶ出資金」で処理し、ＪＶは「○○社出資金」で処理する。

| ＪＶ | （当　座　預　金）（＊１）18,000,000 | （Ａ　社　出　資　金）（＊２）10,800,000 |
|---|---|---|
| | | （Ｂ　社　出　資　金）（＊３）7,200,000 |
| Ａ社 | （Ｊ　Ｖ　出　資　金）（＊２）10,800,000 | （現　　　　　金）10,800,000 |
| Ｂ社 | （Ｊ　Ｖ　出　資　金）（＊３）7,200,000 | （現　　　　　金）7,200,000 |

（＊１）　28,000,000〈工事原価〉－10,000,000〈前受金〉＝18,000,000〈不足額〉

（＊２）　18,000,000〈不足額〉×60％＝10,800,000

（＊３）　18,000,000〈不足額〉×40％＝7,200,000

**問4　工事原価の支払い**

　ＪＶが支払いを行った時点で、各構成員も工事未払金の減少を記録する。相手勘定としては、仮勘定である「ＪＶ出資金」を用いる。

| ＪＶ | （工　事　未　払　金）28,000,000 | （当　座　預　金）28,000,000 |
|---|---|---|
| Ａ社 | （工　事　未　払　金）（＊１）16,800,000 | （Ｊ　Ｖ　出　資　金）16,800,000 |
| Ｂ社 | （工　事　未　払　金）（＊２）11,200,000 | （Ｊ　Ｖ　出　資　金）11,200,000 |

（＊１）　28,000,000×60％＝16,800,000

（＊２）　28,000,000×40％＝11,200,000

**問5　ＪＶの決算**

　工事が完成し、発注者に引き渡したときにＪＶが計上した完成工事高、完成工事原価を各構成員の出資割合に応じて配分する。

| ＪＶ | （完　成　工　事　高）40,000,000 | （完　成　工　事　原　価）28,000,000 |
|---|---|---|
| | （Ａ　社　出　資　金）10,800,000 | （未　払　分　配　金）（＊１）30,000,000 |
| | （Ｂ　社　出　資　金）7,200,000 | |
| Ａ社 | （完　成　工　事　原　価）16,800,000 | （未　成　工　事　支　出　金）16,800,000 |
| | （未　成　工　事　受　入　金）6,000,000 | （完　成　工　事　高）24,000,000 |
| | （完成工事未収入金）（＊２）18,000,000 | |
| Ｂ社 | （完　成　工　事　原　価）11,200,000 | （未　成　工　事　支　出　金）11,200,000 |
| | （未　成　工　事　受　入　金）4,000,000 | （完　成　工　事　高）16,000,000 |
| | （完成工事未収入金）（＊３）12,000,000 | |

（＊１）　貸借差額

（＊２）　24,000,000－6,000,000＝18,000,000

（＊３）　16,000,000－4,000,000＝12,000,000

## 第5問 ● 精算表（以下、単位：千円）

### (1) 機械装置

① 減価償却

| （未成工事支出金）（＊） | 4,800 | （機械装置減価償却累計額） | 4,800 |
|---|---|---|---|

（＊）48,000〈取得原価〉÷10年＝4,800

∴ 減価償却後の機械装置減価償却累計額：24,000〈T／B〉＋4,800＝28,800

② 減損会計

| （機械装置減損損失）（＊） | 1,113 | （機　械　装　置） | 1,113 |
|---|---|---|---|

（＊）48,000〈取得原価〉－28,800〈機械装置減価償却累計額〉＝19,200〈帳簿価額〉

19,200〈帳簿価額〉　＞　19,000〈割引前のキャッシュ・フローの総額〉　∴減損損失を認識する

19,200〈帳簿価額〉－18,087〈割引後のキャッシュ・フローの総額＝回収可能価額〉＝1,113

### (2) その他有価証券の時価評価と金利スワップの時価評価（時価ヘッジ会計）

① その他有価証券の時価評価

(a) 金利上昇による影響分

金利上昇による影響分は時価ヘッジ会計を適用し、「有価証券評価損」で処理する。

| （有価証券評価損） | 120 | （投資有価証券） | 120 |
|---|---|---|---|
| （繰延税金資産）（＊1） | 36 | （法人税等調整額） | 36 |

（＊1）120〈損金不算入額〉×30％〈税率〉＝36

(b) 信用不安による影響分

信用不安による影響分は原則的な処理（純資産直入）を行う。

| （繰延税金資産）（＊2） | 54 | （投資有価証券） | 180 |
|---|---|---|---|
| （その他有価証券評価差額金）（＊3） | 126 | | |

（＊2）180×30％〈税率〉＝54

（＊3）180－54＝126

(c) まとめ

| （有価証券評価損） | 120 | （投資有価証券） | 300 |
|---|---|---|---|
| （繰延税金資産） | 90 | （法人税等調整額） | 36 |
| （その他有価証券評価差額金） | 126 | | |

② 金利スワップの時価評価

| （金利スワップ） | 140 | （スワップ評価益） | 140 |
|---|---|---|---|
| （法人税等調整額）（＊） | 42 | （繰延税金負債） | 42 |

（＊）140〈益金不算入額〉×30％〈税率〉＝42

(3) 退職給付引当金の計上（予定計上額の修正と販売費及び一般管理費の計上）

| （未 成 工 事 支 出 金）（＊1） | 160 | （退 職 給 付 引 当 金）（＊2） | 460 |
| （販売費及び一般管理費） | 300 | | |

（＊1） $140 \times 12 \text{ヵ月} = 1,680$〈予定計上額〉

$1,840$〈実際計上額〉$- 1,680$〈予定計上額〉$= 160$〈加算修正〉

（＊2） $160 + 300 = 460$

(4) 未成工事支出金の完成工事原価への振替えと完成工事高の計上

| （完 成 工 事 原 価）（注） | 315,500 | （未 成 工 事 支 出 金） | 315,500 |
| （未 成 工 事 受 入 金）（＊2） | 10,600 | （完 成 工 事 高）（＊1） | 386,100 |
| （完 成 工 事 未 収 入 金）（＊3） | 375,500 | | |

（＊1） $\dfrac{171,000}{600,000} = 0.285$〈第1期の工事進捗度〉

$840,000$〈変更前の請負工事代金〉$\times 0.285 = 239,400$〈第1期の完成工事高〉

$\dfrac{171,000 + 315,500}{700,000} = 0.695$〈第2期までの工事進捗度〉

$900,000$〈変更後の請負工事代金〉$\times 0.695 - 239,400$〈第1期の完成工事高〉

$= 386,100$〈第2期の完成工事高〉

（＊2） $250,000 - 239,400 = 10,600$〈T/B未成工事受入金〉

（＊3） $386,100 - 10,600 = 375,500$

（注）この段階では、後述する完成工事補償引当金の計上が未処理であるため計算することが
　　　できないが、計算済みの金額315,500千円が資料に与えられているので先に振替仕訳を示し
　　　ておく。

(5) 貸倒引当金（差額補充法）と税効果会計

| （貸 倒 引 当 金 繰 入 額）（＊1） | 6,430 | （貸 倒 引 当 金） | 6,430 |
| （繰 延 税 金 資 産）（＊2） | 540 | （法 人 税 等 調 整 額） | 540 |

（＊1）（$21,000$〈T/B受取手形〉$+ 375,500$〈完成工事未収入金〉）$\times 2\% = 7,930$〈設定額〉

$7,930 - 1,500$〈T/B貸倒引当金〉$= 6,430$〈繰入額〉

（＊2） $1,800$〈損金不算入額〉$\times 30\%$〈税率〉$= 540$〈繰延税金資産〉

(6) 未払費用（利息の見越し）

| （その他の諸費用）（＊） | 80 | （未 払 費 用） | 80 |

（＊） $6,000$〈借入金〉$\times 4\% \times \dfrac{4 \text{ヵ月}}{12 \text{ヵ月}} = 80$

解答への道

(7) **完成工事補償引当金（差額補充法）**

| （未 成 工 事 支 出 金）（＊） | 1,800 | （完 成 工 事 補 償 引 当 金） | 1,800 |
|---|---|---|---|

（＊）386,100〈完成工事高〉×0.5％≒1,930〈設定額〉

1,930－130〈T／B完成工事補償引当金〉＝1,800〈繰入額〉

（注）この段階で完成工事原価315,500千円を計算することができる。

未成工事支出金

| T／B | 308,740 | |
|---|---|---|
| (1) | 4,800 | 完成工事原価　315,500 |
| (3) | 160 | |
| (7) | 1,800 | |

(8) **法人税、住民税及び事業税の計上と当期純利益の計算**

| （法人税、住民税及び事業税）（＊） | 13,336 | （未 払 法 人 税 等） | 13,336 |
|---|---|---|---|

（＊）389,691〈収益合計〉－347,015〈費用合計〉＝42,676〈税引前当期純利益〉

42,676〈税引前当期純利益〉＋120〈有価証券評価損の損金不算入額〉

－140〈スワップ評価益の益金不算入額〉＋1,800〈貸倒引当金繰入額の損金不算入額〉

＝44,456〈課税所得〉

44,456×30％〈税率〉≒13,336〈法人税、住民税及び事業税〉

なお，資料(9)に「税効果を考慮した上で、当期純利益を計上する」とあることから、税引前当期純利益に対して、税効果後の法人税、住民税及び事業税が30％となるように計算することもできる。

| 税 引 前 当 期 純 利 益 | | 42,676 | |
|---|---|---|---|
| 法人税、住民税及び事業税 | 13,336 | | |
| 法 人 税 等 調 整 額 | △534 | 12,802 | ←42,676×30％ |
| 当 期 純 利 益 | | 29,874 | |

42,676〈税引前当期純利益〉×30％〈税率〉≒12,802〈税効果後の法人税、住民税及び事業税〉

12,802＋534〈法人税等調整額〉＝13,336〈税効果前の法人税、住民税及び事業税〉

第**25**回

# 第26回 解答

**第1問** 20点　解答にあたっては、各問とも指定した字数以内（句読点を含む）で記入すること。

問1

この原則が重要視される理由は、企業会計の目的が正確な期間利益の算定ないしは適正な資本維持に置かれているためである。資本取引は、元本そのものの増減取引を意味し、損益取引は、元本の運用取引を意味する。これらの二つの取引は、その性格を異にするものであるから、元本としての資本を維持するうえでも、またはその運用の成果としての期間損益計算を適正に計算するうえでも両者は明確に区別されなければならない。もし、両者の区別が行われないと企業の経営成績や財政状態は適正に表示することができないのである。

問2

この原則に反する例外の具体例は、繰越損失のてん補のための資本準備金や資本金の取り崩しである。繰越損失は、繰越利益剰余金のマイナス分であり、資本取引・損益取引区分の原則からすれば、過去または将来の利益によって、てん補されるべきものである。従って、資本準備金や資本金の取り崩しによるてん補は、資本の利益への振替え（損益取引と資本取引の混同）を意味するものであると考えることができる。

解 答

## 第2問 14点

記号（ア～セ）

| 1 | 2 | 3 | 4 | 5 | 6 | 7 |
|---|---|---|---|---|---|---|
| キ | ス | ア | セ | エ | コ | シ |

各❷

※　1、2、3は順不同

## 第3問 16点

記号（AまたはB）

| 1 | 2 | 3 | 4 | 5 | 6 | 7 | 8 |
|---|---|---|---|---|---|---|---|
| A | B | B | B | A | A | B | B |

各❷

## 第4問 14点

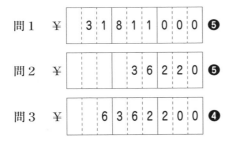

| 問1 | ¥ | | 3 | 1 | 8 | 1 | 1 | 0 | 0 | 0 | ❺ |
|---|---|---|---|---|---|---|---|---|---|---|---|
| 問2 | ¥ | | | | | 3 | 6 | 2 | 2 | 0 | ❺ |
| 問3 | ¥ | | | 6 | 3 | 6 | 2 | 2 | 0 | 0 | ❹ |

第26回

精 算 表 （単位：千円）

| 勘定科目 | 残高試算表 借方 | 残高試算表 貸方 | 整理記入 借方 | 整理記入 貸方 | 損益計算書 借方 | 損益計算書 貸方 | 貸借対照表 借方 | 貸借対照表 貸方 |
|---|---|---|---|---|---|---|---|---|
| 現 金 預 金 | 24000 | | | | | | 24000 | |
| 受 取 手 形 | 25000 | | | | | | 25000 | |
| 貸 付 金 | 1500 | | 100 | | | | 1600 | |
| 貸 倒 引 当 金 | | 1800 | | 3300 | | | | 5100 |
| 未成工事支出金 | 204869 | | 5200 210 1221 | 211500 | | | | |
| 機 械 装 置 | 52000 | | | 1455 | | | ❸50545 | |
| 機械装置減価償却累計額 | | 31200 | | 5200 | | | | ❸36400 |
| 土 地 | 35000 | | | | | | 35000 | |
| 投 資 有 価 証 券 | 6000 | | 250 | | | | 6250 | |
| その他の諸資産 | 36389 | | | | | | 36389 | |
| 工 事 未 払 金 | | 61827 | | | | | | 61827 |
| 未成工事受入金 | | 39200 | 39200 | | | | | |
| 完成工事補償引当金 | | 125 | | 1221 | | | | ❸1346 |
| 社 債 | | 19740 | | 20 120 | | | | 19880 |
| 退職給付引当金 | | 32615 | | 610 | | | | ❸33225 |
| その他の諸負債 | | 18268 | | | | | | 18268 |
| 資 本 金 | | 160000 | | | | | | 160000 |
| 資 本 準 備 金 | | 23000 | | | | | | 23000 |
| 利 益 準 備 金 | | 11000 | | | | | | 11000 |
| 減 債 積 立 金 | | 10000 | 10000 | | | | | |
| 繰 越 利 益 剰 余 金 | | 5200 | | 10000 | | | | 15200 |
| 雑 収 入 | | 4561 | | | | 4561 | | |
| 販売費及び一般管理費 | 25566 | | 400 | | 25966 | | | |
| 社 債 利 息 | 600 | | 120 | | 720 | | | |
| その他の諸費用 | 7612 | | | | 7612 | | | |
| | 418536 | 418536 | | | | | | |
| 機械装置減損損失 | | | 1455 | | 1455 | | | |
| 貸倒引当金繰入額 | | | 3300 | | ❸3300 | | | |
| 為 替 差 損 益 | | | | 100 | | ❸100 | | |
| その他有価証券評価差額金 | | | | 175 | | | | ❸175 |
| 社 債 償 還 （損） | | | 20 | | ❸20 | | | |
| 繰 延 税 金 資 産 | | | 390 | | | | 390 | |
| 繰 延 税 金 負 債 | | | | 75 | | | | 75 |
| 完成工事未収入金 | | | 230000 | | | | 230000 | |
| 完 成 工 事 高 | | | | 269200 | | ❸269200 | | |
| 完 成 工 事 原 価 | | | 211500 | | 211500 | | | |
| 未 払 法 人 税 等 | | | | 7376 | | | | 7376 |
| 法人税、住民税及び事業税 | | | 7376 | | ❸7376 | | | |
| 法 人 税 等 調 整 額 | | | | 390 | | ❸390 | | |
| | | | 510742 | 510742 | 257949 | 274251 | 409174 | 392872 |
| 当 期 （純 利 益） | | | | | ❸16302 | | | 16302 |
| | | | | | 274251 | 274251 | 409174 | 409174 |

●数字……予想配点

72

# 第**26**回 解答への道 問 題 14

## 第1問 ● 論述問題（資本利益区別の原則）

### 問1 重視される理由

　資本剰余金は元手であり、資本金とともに会社に維持しなければいけない財産を表すものであり、利益剰余金は留保利益であり、処分可能な財産を表すものである。その両者を区別することにより、正確な期間利益の算定、適正な資本維持が行えるのである。

　　資本剰余金 … 払込資本 ⎤
　　　　　　　　　　　　　　　> 区別（資本利益区別の原則）
　　利益剰余金 … 留保利益 ⎦

### 問2 資本利益区別の原則の例外

　この原則に反する例外の具体例には、次のようなものがある。
　　① 　損失のてん補のための資本金等の取り崩し
　　② 　利益剰余金の資本金への組み入れ
　　③ 　その他資本剰余金が負の値になった場合の利益剰余金（繰越利益剰余金）の取り崩し

## 第2問 ● 空欄記入問題（記号選択）

### (1) 債権者持分と株主持分

　会計上、持分とは企業資産に対する請求権をいい、債権者持分と株主持分に区別される。

　　貸借対照表

| 資　　産 | 負　　　債 | 債権者持分（弁済しなければいけない債務） |
| | 資　　本 | 株主持分（企業経営の元本を構成） |

### (2) 負債の分類（発生原因による分類）

負　債 ⎰ 営業取引から生じた債務 … 未成工事受入金、工事未払金、支払手形、など
　　　　｜ 財務取引から生じた債務 … 借入金、社債など
　　　　⎱ 損益計算から生じた債務 … 前受収益、未払費用、引当金など

### (3) 資本の分類（会計制度上の分類）

資　本
（株主資本）
　⎰ 資 本 金
　⎱ 剰 余 金
　　　⎰ 資本剰余金 ⎰ 資本準備金 …株式払込剰余金など
　　　｜　　　　　　⎱ その他資本剰余金 …自己株式処分差益など
　　　⎱ 利益剰余金 ⎰ 利益準備金
　　　　　　　　　　⎱ その他利益剰余金 …新築積立金、繰越利益剰余金など

## 第3問 ● 正誤問題

認められないもの「B」について解説する。

2．買掛債務は重要な項目であるため、金額が小さくても簿外負債には出来ない。

3．発生の可能性の低い引当金の計上は出来ない。

4．当期以前の事象に起因していないため引当金の計上は出来ない。

7．売上債権の回収額であるため、営業活動によるキャッシュ・フローの区分に計上する。

8．製品マスターの制作費のうち研究開発費に該当しない部分は、資産に計上する。

## 第4問 ● 資産除去債務（以下、単位：円）

### 問1　当該設備の取得原価

| （設　　　　　　　備）（＊2） | 31,811,000 | （営 業 外 支 払 手 形） | 30,000,000 |
|---|---|---|---|
| | | （資 産 除 去 債 務）（＊1） | 1,811,000 |

（＊1）2,000,000〈除去に要する支出額〉 ÷ $1.02^5$ ≒ 1,811,461.6… → 1,811,000（千円未満切り捨て）

（＊2）30,000,000〈取得原価〉 ＋ 1,811,000 ＝ 31,811,000

### 問2　当期末（20×2年3月31日）時点での時の経過による資産除去債務の調整額

| （利　 息　 費　 用）（＊） | 36,220 | （資 産 除 去 債 務） | 36,220 |
|---|---|---|---|

（＊）1,811,000 × 2％ ＝ 36,220

### 問3　当該設備の減価償却費

| （減 価 償 却 費）（＊） | 6,362,200 | （設備減価償却累計額） | 6,362,200 |
|---|---|---|---|

（＊）31,811,000 ÷ 5年〈耐用年数〉 ＝ 6,362,200

## 第5問 ● 精算表（以下、単位：千円）

### (1) 機械装置

① 減価償却

| （未 成 工 事 支 出 金）（＊） | 5,200 | （機械装置減価償却累計額） | 5,200 |
|---|---|---|---|

（＊）52,000 ÷ 10年 ＝ 5,200

② 減損会計

| （機 械 装 置 減 損 損 失）（＊） | 1,455 | （機　械　装　置） | 1,455 |
|---|---|---|---|

（＊）52,000〈取得原価〉 － 36,400〈機械装置減価償却累計額〉 ＝ 15,600〈帳簿価額〉

15,600〈帳簿価額〉 ＞ 15,000〈割引前のキャッシュ・フローの総額〉 ∴減損損失を認識する

15,600〈帳簿価額〉 － 14,145〈回収可能価額〉 ＝ 1,455

(2) 貸付金の換算替え

| （貸　付　金）（＊） | 100 | （為　替　差　損　益） | 100 |

（＊）　$1,000 \div 100円〈HR〉 = 10千ドル$

　　　$10千ドル \times 110円〈CR〉 = 1,100$

　　　$1,100 - 1,000 = 100〈為替差益〉$

(3) その他有価証券の時価評価

| （投　資　有　価　証　券）（＊1） | 250 | （繰　延　税　金　負　債）（＊2） | 75 |
| | | （その他有価証券評価差額金）（＊3） | 175 |

（＊1）　$6,250〈時価〉 - 6,000〈T/B投資有価証券〉 = 250〈評価益〉$

（＊2）　$250 \times 30\%〈税率〉 = 75$

（＊3）　$250 - 75 = 175$

(4) 社　債

①　買入償還分

(a)　期中処理

| （社　　　　　債） | 9,900 | （現　金　預　金） | 9,900 |

(b)　適正処理

| （社　　　　　債）（＊1） | 9,880 | （現　金　預　金） | 9,900 |
| （社　債　償　還　損　益）（＊2） | 20 | | |
| （減　債　積　立　金） | 10,000 | （繰　越　利　益　剰　余　金） | 10,000 |

（＊1）　$19,740〈T/B社債〉 + 9,900 = 29,640〈期首における社債の帳簿価額〉$

　　　$29,640 \times \dfrac{10,000}{30,000} = 9,880〈償還分の社債の帳簿価額〉$

（＊2）　$9,880 - 9,900 = \triangle 20〈償還損〉$

(c)　修正仕訳

| （社　債　償　還　損　益） | 20 | （社　　　　　債） | 20 |
| （減　債　積　立　金） | 10,000 | （繰　越　利　益　剰　余　金） | 10,000 |

②　未償還分

| （社　債　利　息）（＊） | 120 | （社　　　　　債） | 120 |

（＊1）　$30,000 - 10,000 = 20,000〈未償還社債の額面金額〉$

　　　$20,000 \times \dfrac{@97.0円}{@100円} = 19,400〈未償還分の社債の発行価額〉$

　　　$(20,000 - 19,400) \times \dfrac{12ヵ月}{60ヵ月} = 120〈未償還分の社債の当期償却額〉$

(5) **退職給付引当金**

| （未成工事支出金）（＊1） | 210 | （退職給付引当金）（＊2） | 610 |
|---|---|---|---|
| （販売費及び一般管理費） | 400 | | |

（＊1） 170×12ヵ月＝2,040〈予定計上額〉

　　　　2,250〈実際計上額〉－2,040〈予定計上額〉＝210〈加算調整〉

（＊2） 210＋400＝610

(6) **未成工事支出金の完成工事原価への振り替えと完成工事高の計上**

| （完成工事原価）（注） | 211,500 | （未成工事支出金） | 211,500 |
|---|---|---|---|
| （未成工事受入金）（＊2） | 39,200 | （完成工事高）（＊1） | 269,200 |
| （完成工事未収入金）（＊3） | 230,000 | | |

（＊1） $\dfrac{165,000+171,000}{700,000}=0.48$〈第2期までの工事進捗度〉

　　　　960,000×0.48＝460,800〈第2期までの完成工事高〉

　　　　$\dfrac{165,000+171,000+211,500}{750,000}=0.73$〈第3期までの工事進捗度〉

　　　　1,000,000×0.73－460,800〈第2期までの完成工事高〉＝269,200〈第3期の完成工事高〉

（＊2） 300,000＋200,000－460,800＝39,200〈T/B未成工事受入金〉

（＊3） 貸借差額

（注）この段階では，後述する完成工事補償引当金の計上が未処理であるため計算することが
　　　できないが，計算済みの金額211,500千円が資料に与えられているので先に振替仕訳を示し
　　　ておく。

(7) **貸倒引当金（差額補充法）と税効果会計**

| （貸倒引当金繰入額）（＊1） | 3,300 | （貸倒引当金） | 3,300 |
|---|---|---|---|
| （繰延税金資産）（＊2） | 390 | （法人税等調整額） | 390 |

（＊1） （25,000〈T/B受取手形〉＋230,000〈完成工事未収入金〉）×2％＝5,100〈設定額〉

　　　　5,100－1,800〈T/B貸倒引当金〉＝3,300〈繰入額〉

（＊2） 1,300〈損金不算入額〉×30％〈税率〉＝390〈繰延税金資産〉

(8) **完成工事補償引当金**

| （未成工事支出金）（＊） | 1,221 | （完成工事補償引当金） | 1,221 |
|---|---|---|---|

（＊） 269,200〈完成工事高〉×0.5％＝1,346〈設定額〉

　　　1,346－125〈T/B完成工事補償引当金〉＝1,221〈繰入額〉

（注）この段階で完成工事原価211,500千円を計算することができる。

未成工事支出金

| T/B | 204,869 | |
|---|---|---|
| (1) | 5,200 | |
| (5) | 210 | 211,500 |
| (8) | 1,221 | |

⑨　**法人税、住民税及び事業税の計上と当期純利益の計上**

| （法人税、住民税及び事業税）（＊） | 7,376 | （未 払 法 人 税 等） | 7,376 |
|---|---|---|---|

（＊）　273,861〈収益合計〉－250,573〈費用合計〉＝23,288〈税引前当期純利益〉

　　　　23,288＋1,300〈損金不算入額〉＝24,588〈課税所得〉

　　　　24,588×30%〈税率〉≒7,376.4→7,376（千円未満切り捨て）

　なお、資料⑽に「税効果を考慮した上で、当期純損益を計上する」とあることから、税引前当期純利益に対して税効果後の法人税等が30%となるように計算して計上することもできる。

| 税 引 前 当 期 純 利 益 | | 23,288 | |
|---|---|---|---|
| 法人税、住民税及び事業税 | 7,376 | | |
| 法 人 税 等 調 整 額 | △390 | 6,986 | ←23,288×30% |
| 当 期 純 利 益 | | 16,302 | |

　23,288〈税引前当期純利益〉×30%〈税率〉≒6,986.4→6,986〈税効果後の法人税、住民税及び事業税〉

　6,986＋390〈法人税等調整額〉＝7,376〈税効果前の法人税、住民税及び事業税〉

**第1問** 20点　解答にあたっては、各問とも指定した字数以内（句読点を含む）で記入すること。

問1

| | | | | | | | | | 10 | | | | | | | | | 20 | | | | | 25 |
|---|---|---|---|---|---|---|---|---|---|---|---|---|---|---|---|---|---|---|---|---|---|---|---|
| 売 | 買 | 目 | 的 | 有 | 価 | 証 | 券 | に | つ | い | て | は | 、 | 時 | 価 | を | も | っ | て | 貸 | 借 | 対 | 照 | 表 |
| 価 | 額 | と | し | 、 | 評 | 価 | 差 | 額 | は | 当 | 期 | の | 損 | 益 | と | し | て | 処 | 理 | す | る | 。 | | |
| そ | の | 他 | 有 | 価 | 証 | 券 | に | つ | い | て | は | 、 | 時 | 価 | を | も | っ | て | 貸 | 借 | 対 | 照 | 表 | 価 |
| 額 | と | し | 、 | 評 | 価 | 差 | 額 | は | 洗 | い | 替 | え | 方 | 式 | に | も | と | づ | き | 、 | 評 | 価 | 差 | 額 |
| の | 合 | 計 | 額 | を | 純 | 資 | 産 | の | 部 | に | 計 | 上 | す | る | 方 | 法 | 、 | ま | た | は | 、 | 時 | 価 | が |
| 取 | 得 | 原 | 価 | を | 上 | 回 | る | 銘 | 柄 | に | 係 | る | 評 | 価 | 差 | 額 | は | 純 | 資 | 産 | の | 部 | に | 計 |
| 上 | し | 、 | 時 | 価 | が | 取 | 得 | 原 | 価 | を | 下 | 回 | る | 銘 | 柄 | に | 係 | る | 評 | 価 | 差 | 額 | は | 当 |
| 期 | の | 損 | 失 | と | し | て | 処 | 理 | す | る | 方 | 法 | の | い | ず | れ | か | に | よ | り | 処 | 理 | す | る |
| 。 | | | | | | | | | | | | | | | | | | | | | | | | |

問2

| | | | | | | | | | 10 | | | | | | | | | 20 | | | | | 25 |
|---|---|---|---|---|---|---|---|---|---|---|---|---|---|---|---|---|---|---|---|---|---|---|---|
| 売 | 買 | 目 | 的 | 有 | 価 | 証 | 券 | の | 評 | 価 | お | よ | び | 処 | 理 | は | 、 | 投 | 資 | 者 | に | と | っ | て |
| 有 | 用 | な | 情 | 報 | を | 提 | 供 | す | る | と | と | も | に | 、 | 売 | 買 | 目 | 的 | 有 | 価 | 証 | 券 | は | 、 |
| 売 | 却 | す | る | こ | と | に | 企 | 業 | 側 | の | 制 | 約 | が | な | い | の | で | 、 | 財 | 務 | 活 | 動 | の | 成 |
| 果 | は | 有 | 価 | 証 | 券 | の | 期 | 末 | 時 | 点 | で | の | 時 | 価 | に | 求 | め | ら | れ | る | 、 | と | い | う |
| 考 | え | 方 | に | も | と | づ | い | て | い | る | 。 | | | | | | | | | | | | | |
| そ | の | 他 | 有 | 価 | 証 | 券 | の | 評 | 価 | お | よ | び | 処 | 理 | は | 、 | そ | の | 他 | 有 | 価 | 証 | 券 | が |
| 売 | 買 | 目 | 的 | 有 | 価 | 証 | 券 | と | 子 | 会 | 社 | 株 | 式 | ・ | 関 | 連 | 会 | 社 | 株 | 式 | と | の | 中 | 間 |
| 的 | な | 性 | 格 | を | 有 | す | る | も | の | で | あ | る | 、 | と | い | う | 考 | え | 方 | に | も | と | づ | い |
| て | い | る | 。 | | | | | | | | | | | | | | | | | | | | | |

## 第2問 14点

記号（ア～タ）

| 1 | 2 | 3 | 4 | 5 | 6 | 7 |
|---|---|---|---|---|---|---|
| ク | ア | キ | エ | セ | タ | シ |

各❷

※　5、6は順不同

## 第3問 16点

記号（AまたはB）

| 1 | 2 | 3 | 4 | 5 | 6 |
|---|---|---|---|---|---|
| B | A | B | B | B | A |
| ❸ | ❷ | ❸ | ❸ | ❸ | ❷ |

## 第4問 14点

（単位：千円）

| | | | | | | |
|---|---|---|---|---|---|---|
| ① | | | | 4 | 5 | 5 | ❸ |
| ② | | | △ | 4 | 5 | 5 | 0 | ❷ |
| ③ | | | △ | 2 | 0 | 0 | 0 | ❷ |
| ④ | | | 1 | 2 | 3 | 0 | 0 | ❸ |
| ⑤ | | | | 6 | 0 | 0 | 0 | ❷ |
| ⑥ | | 1 | 4 | 7 | 4 | 7 | 0 | ❷ |

解

答

第27回

79

精 算 表　　　　　　　　（単位：千円）

| 勘定科目 | 残高試算表 借方 | 残高試算表 貸方 | 整理記入 借方 | 整理記入 貸方 | 損益計算書 借方 | 損益計算書 貸方 | 貸借対照表 借方 | 貸借対照表 貸方 |
|---|---|---|---|---|---|---|---|---|
| 現 金 預 金 | 8123 | | | | | | 8123 | |
| 受 取 手 形 | 18000 | | | | | | 18000 | |
| 貸 倒 引 当 金 | | 2620 | | 3240 | | | | 5860 |
| 未成工事支出金 | 229908 | | 2400<br>3600<br>1282 | 190<br>237000 | | | | |
| 仮 払 金 | 2620 | | | 2620 | | | | |
| 機 械 装 置 | 52000 | | | 1132 | | | ❸50868 | |
| 機械装置減価償却累計額 | | 14400 | | 2400<br>3600 | | | | ❸20400 |
| 土 地 | 15000 | | | | | | 15000 | |
| 投 資 有 価 証 券 | 5000 | | 300 | | | | 5300 | |
| その他の諸資産 | 32354 | | | | | | 32354 | |
| 工 事 未 払 金 | | 126325 | | | | | | 126325 |
| 未成工事受入金 | | 4400 | 4400 | | | | | |
| 完成工事補償引当金 | | 115 | | 1282 | | | | ❸1397 |
| リ ー ス 債 務 | | 12000 | 2260 | | | | | ❸9740 |
| 退職給付引当金 | | 26254 | 190 | 350 | | | | ❸26414 |
| その他の諸負債 | | 18268 | | | | | | 18268 |
| 資 本 金 | | 150000 | | | | | | 150000 |
| 資 本 準 備 金 | | 18000 | | | | | | 18000 |
| 利 益 準 備 金 | | 8000 | | | | | | 8000 |
| 繰越利益剰余金 | | 3000 | | | | | | 3000 |
| 雑 収 入 | | 3267 | | | | 3267 | | |
| 販売費及び一般管理費 | 18792 | | 350 | | ❸19142 | | | |
| その他の諸費用 | 4852 | | | | 4852 | | | |
| | 386649 | 386649 | | | | | | |
| 支 払 利 息 | | | 360 | | 360 | | | |
| 機械装置減損損失 | | | 1132 | | 1132 | | | |
| 貸倒引当金繰入額 | | | 3240 | | ❸3240 | | | |
| その他有価証券評価差額金 | | | | 210 | | | | ❸210 |
| 繰 延 税 金 資 産 | | | 360 | | | | 360 | |
| 繰 延 税 金 負 債 | | | | 90 | | | | 90 |
| 完成工事未収入金 | | | 275000 | | | | 275000 | |
| 完 成 工 事 高 | | | | 279400 | | ❸279400 | | |
| 完 成 工 事 原 価 | | | 237000 | | 237000 | | | |
| 未 払 法 人 税 等 | | | | 5442 | | | | 5442 |
| 法人税、住民税及び事業税 | | | 5442 | | ❸5442 | | | |
| 法人税等調整額 | | | | 360 | | ❸360 | | |
| | | | 537316 | 537316 | 271168 | 283027 | 405005 | 393146 |
| 当期（純利益） | | | | | ❸11859 | | | 11859 |
| | | | | | 283027 | 283027 | 405005 | 405005 |

# 第27回 解答への道 問題 18

## 第1問 ● 論述問題（有価証券の評価）

### 問1 期末評価と評価差額の取り扱い

| 保 有 目 的 | 貸借対照表価額 | 評価差額の処理 |
|---|---|---|
| 売買目的有価証券 | 時 価 | 当期の損益（洗替方式または切放方式） |
| その他有価証券 | 時 価 | 全部純資産直入法（洗替方式） |
|  |  | 部分純資産直入法（洗替方式） |

### 問2 各処理方法が採用される理由

(1) 売買目的有価証券

　時価の変動による評価差額が財務活動の成果と考えられることから、当期の損益として有価証券運用損益などの科目で計上する。

(2) その他有価証券

　その他有価証券は、長期的な時価の変動により利益を得ることを目的として保有する有価証券や業務提携等の目的で保有する有価証券であり、長期的には売却することが想定される有価証券である。

　その他有価証券の貸借対照表価額は時価で計上するが、その他有価証券の時価は投資者にとって有用な投資情報であるものの、事業遂行上等の必要性から直ちに売買・換金を行うことに制約を伴う要素もあることから評価差額は当期の損益ではなく、純資産の部に計上する。

## 第2問 ● 空欄記入問題（記号選択）

負債の分類をまとめると次のようになる。

| 負 債 | 営業取引から生じた債務 | 金 銭 債 務 | 生産活動により発生 | 工事未払金、支払手形 |
|---|---|---|---|---|
|  |  |  | 上 記 以 外 | 未払金 |
|  |  | 非 金 銭 債 務 | 未成工事受入金 | |
|  | 財務取引から生じた債務 | 借入金、社債 | | |
|  | 損益計算から生じた債務 | 経過勘定項目 | 前受収益、未払費用 | |
|  |  | 引 当 金 | 条件付債務 | 賞与引当金、退職給付引当金 |
|  |  |  | 非 債 務 | 修繕引当金、債務保証損失引当金 |

## 第3問 ● 正誤問題

認められないもの「B」について解説する。

1. 事務用消耗品を買入時または払出時に費用処理した場合に生じた簿外資産は認められるが、期末残高を費用として処理し、簿外資産とすることは認められない。

3. 退職した従業員に対して外部に信託している退職給付基金から退職金が支払われた場合、退職給付債務が減少するが、年金資産も同額減少するため退職給付引当金は増減しない。

4. 自己株式の帳簿価額と払込額との差額はその他資本剰余金として処理する。

5. 当期において過去の減価償却を失念したことが発見された場合、過去の誤謬に該当するため、過去に遡って減価償却を実施する。

## 第4問 ● 株主資本等変動計算書（以下、単位：千円）

### (1) 剰余金の処分

(1) 剰余金の配当

| （繰越利益剰余金）（＊3） | 5,005 | （未 払 配 当 金）（＊1） | 4,550 |
|---|---|---|---|
| | | （利 益 準 備 金）（＊2） | 455 |

（＊1）@350円×13,000株＝4,550

（＊2）$4,550 \times \dfrac{1}{10} = 455$

$95,000〈資本金〉\times \dfrac{1}{4} -(2,500〈資本準備金〉+1,520〈利益準備金〉)=19,730$

455 ＜ 19,730 ∴455

（＊3）4,550＋455＝5,005

(2) 別途積立金の積立

| （繰越利益剰余金） | 2,000 | （別 途 積 立 金） | 2,000 |
|---|---|---|---|

### (2) 新株の発行

| （当 座 預 金）（＊1） | 24,600 | （資 本 金）（＊2） | 12,300 |
|---|---|---|---|
| | | （資 本 準 備 金）（＊2） | 12,300 |
| （株 式 交 付 費） | 400 | （現 金） | 400 |

（＊1）@8,200円×3,000株＝24,600

（＊2）$24,600 \times \dfrac{1}{2} = 12,300$

### (3) 当期純利益

| （損 益） | 6,000 | （繰越利益剰余金） | 6,000 |
|---|---|---|---|

解答への道

(4) 株主資本等変動計算書

| | 株　主　資　本 | | | | | | | | |
|---|---|---|---|---|---|---|---|---|---|
| | 資本金 | 資本剰余金 | | | 利益剰余金 | | | | 株主資本合計 |
| | | 資本準備金 | その他資本剰余金 | 資本剰余金合計 | 利益準備金 | その他利益剰余金 | | 利益剰余金合計 | |
| | | | | | | 別途積立金 | 繰越利益剰余金 | | |
| 当期首残高 | 95,000 | 2,500 | 8,200 | 10,700 | 1,520 | 6,000 | 8,200 | 15,720 | 121,420 |
| 当期変動額 | | | | | | | | | |
| 　剰余金の配当 | | | | | 455 | | △5,005 | △4,550 | △4,550 |
| 　別途積立金の積立 | | | | | | 2,000 | △2,000 | | |
| 　新株の発行 | 12,300 | 12,300 | | 12,300 | | | | | 24,600 |
| 　当期純利益 | | | | | | | 6,000 | 6,000 | 6,000 |
| 　当期変動額合計 | 12,300 | 12,300 | 8,200 | 12,300 | 455 | 2,000 | △1,005 | 1,450 | 26,050 |
| 当期末残高 | 107,300 | 14,800 | 8,200 | 23,000 | 1,975 | 8,000 | 7,195 | 17,170 | 147,470 |

## 第5問● 精算表（以下、単位：千円）

### (1) 機械装置（リース資産）

① リース料支払時の処理の修正

| （支　払　利　息）（＊1） | 360 | （仮　　払　　金） | 2,620 |
|---|---|---|---|
| （リ　ー　ス　債　務）（＊2） | 2,260 | | |

（＊1）12,000〈T／Bリース債務〉× 3 ％＝ 360

（＊2）2,620 － 360 ＝ 2,260

② 減価償却

| （未 成 工 事 支 出 金）（＊） | 2,400 | （機械装置減価償却累計額） | 2,400 |
|---|---|---|---|

（＊）12,000 ÷ 5 年〈リース期間〉＝ 2,400

### (2) 機械装置（リース資産以外）

① 減価償却

| （未 成 工 事 支 出 金）（＊） | 3,600 | （機械装置減価償却累計額） | 3,600 |
|---|---|---|---|

（＊）（40,000 － 4,000）÷ 10年＝ 3,600

② 減損損失

| （機 械 装 置 減 損 損 失）（＊） | 1,132 | （機　械　装　置） | 1,132 |
|---|---|---|---|

（＊）40,000〈取得原価〉－（14,400〈T／B機械装置減価償却累計額〉＋ 3,600）＝ 22,000〈帳簿価額〉

22,000〈帳簿価額〉 ＞ 21,500〈割引前のキャッシュ・フローの総額〉 ∴減損損失を認識する

22,000〈帳簿価額〉－ 20,868〈割引後のキャッシュ・フローの総額＝回収可能価額〉＝ 1,132

第27回

(3) その他有価証券の時価評価

| （投　資　有　価　証　券）（＊１） | 300 | （繰　延　税　金　負　債）（＊２） | 90 |
|---|---|---|---|
| | | （その他有価証券評価差額金）（＊３） | 210 |

（＊１）5,300〈期末時価〉－5,000〈T／B投資有価証券〉＝300〈評価益〉

（＊２）300×30％〈税率〉＝90

（＊３）300－90＝210

(4) 退職給付引当金の計上（予定計上額の修正と販売費及び一般管理費の計上）

| （退　職　給　付　引　当　金）（＊） | 190 | （未　成　工　事　支　出　金） | 190 |
|---|---|---|---|
| （販　売　費　及　び　一　般　管　理　費） | 350 | （退　職　給　付　引　当　金） | 350 |

（＊）180×12ヵ月＝2,160〈予定計上額〉

　　　1,970〈実際計上額〉－2,160＝△190〈減算修正〉

(5) 未成工事支出金の完成工事原価への振り替えと完成工事高の計上

| （完　成　工　事　原　価）（注） | 237,000 | （未　成　工　事　支　出　金） | 237,000 |
|---|---|---|---|
| （未　成　工　事　受　入　金）（＊２） | 4,400 | （完　成　工　事　高）（＊１） | 279,400 |
| （完成工事未収入金）（＊３） | 275,000 | | |

（＊１）$\dfrac{115,000+173,000}{600,000}=0.48$〈第２期までの工事進捗度〉

　　　720,000〈当初契約時の請負工事代金〉×0.48＝345,600〈第２期までの完成工事高〉

　　　$\dfrac{115,000+173,000+237,000}{630,000}=\dfrac{525,000}{630,000}$〈第３期までの工事進捗度〉

　　　$750,000×\dfrac{525,000}{630,000}-345,600＝279,400$〈第３期の完成工事高〉

（＊２）200,000＋150,000－345,600＝4,400〈T／B未成工事受入金〉

（＊３）貸借差額

（注）この段階では、後述する完成工事補償引当金の計上が未処理であるため計算することができないが、計算済みの金額237,000千円が資料に与えられているので先に振替仕訳を示しておく。

(6) 貸倒引当金（差額補充法）と税効果会計

| （貸　倒　引　当　金　繰　入　額）（＊１） | 3,240 | （貸　倒　引　当　金） | 3,240 |
|---|---|---|---|
| （繰　延　税　金　資　産）（＊２） | 360 | （法　人　税　等　調　整　額） | 360 |

（＊１）（18,000〈T／B受取手形〉＋275,000〈完成工事未収入金〉）×2％＝5,860〈設定額〉

　　　5,860－2,620〈T／B貸倒引当金〉＝3,240〈繰入額〉

（＊２）1,200〈損金不算入額〉×30％〈税率〉＝360〈繰延税金資産〉

(7) **完成工事補償引当金（差額補充法）**

| （未 成 工 事 支 出 金）（＊） | 1,282 | （完成工事補償引当金） | 1,282 |
|---|---|---|---|

（＊）279,400〈完成工事高〉× 0.5％ ＝ 1,397〈設定額〉

　　1,397 － 115〈T／B完成工事補償引当金〉＝ 1,282〈繰入額〉

（注）この段階で完成工事原価237,000千円を計算することができる。

未成工事支出金

| T／B | 229,908 | (4) | 190 |
|---|---|---|---|
| (1) | 2,400 | | |
| (2) | 3,600 | 237,000 | |
| (7) | 1,282 | | |

(8) **法人税、住民税及び事業税の計上と当期純利益の計算**

| （法 人 税、住 民 税 及 び 事 業 税）（＊） | 5,442 | （未 払 法 人 税 等） | 5,442 |
|---|---|---|---|

（＊）282,667〈収益合計〉－ 265,726〈費用合計〉＝ 16,941〈税引前当期純利益〉

　　16,941〈税引前当期純利益〉＋ 1,200〈損金不算入額〉＝ 18,141〈課税所得〉

　　18,141 × 30％〈税率〉≒ 5,442〈法人税、住民税及び事業税〉

　なお、資料(9)に「税効果を考慮した上で、当期純損益を計上する。」とあることから、税引前当期純利益に対して、税効果後の法人税、住民税及び事業税が30％となるように計算することもできる。

| 税 引 前 当 期 純 利 益 | | 16,941 |
|---|---|---|
| 法人税、住民税及び事業税 | 5,442 | |
| 法 人 税 等 調 整 額 | △360 | 5,082 ←16,941×30％ |
| 当 期 純 利 益 | | 11,859 |

16,941〈税引前当期純利益〉× 30％〈税率〉≒ 5,082〈税効果後の法人税、住民税及び事業税〉

5,082 ＋ 360〈法人税等調整額〉＝ 5,442〈税効果前の法人税、住民税及び事業税〉

**第1問** 20点　解答にあたっては、各問とも指定した字数以内（句読点を含む）で記入すること。

問1

10　　　　　　20　　　25

|引|当|金|を|計|上|す|る|目|的|は|、|主|と|し|て|期|間|利|益|の|計|算|を|正|
|確|に|行|う|こ|と|に|あ|る|❹|。|な|お|、|そ|の|計|上|要|件|は|①|将|来|の|費|
|用|・|損|失|等|が|特|定|し|て|い|る|こ|と|❶|、|②|そ|れ|ら|の|発|生|が|当|期|
|以|前|の|事|象|に|起|因|し|て|い|る|こ|と|❶|、|③|そ|れ|ら|の|発|生|の|可|能|
|性|が|高|い|こ|と|❶|、|④|そ|れ|ら|の|金|額|の|見|積|り|が|合|理|的|に|行|え|
|る|こ|と|❶|の|4|つ|で|あ|る|。|ま|た|、|引|当|金|の|計|上|は|、|そ|の|支|出|
|額|の|見|積|り|が|不|確|定|性|を|伴|う|点|で|、|未|払|費|用|の|計|上|と|区|
|別|さ|れ|る|❷|。| | | | | | | | | | | | | | | | | | | |

（5行目に「性」）

問2

|工|事|の|引|渡|後|に|補|修|を|無|償|で|行|う|場|合|に|、|そ|の|補|修|に|よ|
|る|支|出|額|を|補|修|の|対|象|と|な|る|工|事|の|収|益|に|負|担|さ|せ|る|た|
|め|に|計|上|さ|れ|る|引|当|金|が|、|完|成|工|事|補|償|引|当|金|で|あ|る|。❹|
|ま|た|、|工|事|原|価|総|額|等|が|工|事|収|益|総|額|を|超|過|す|る|可|能|性|
|が|高|く|、|か|つ|そ|の|金|額|を|合|理|的|に|見|積|も|る|こ|と|が|で|き|る|
|場|合|に|は|、|そ|の|超|過|す|る|と|見|込|ま|れ|る|額|（|工|事|損|失|）|の|
|う|ち|、|す|で|に|過|年|度|に|計|上|さ|れ|た|損|益|の|額|を|控|除|し|た|残|
|額|を|、|工|事|損|失|が|見|込|ま|れ|た|期|の|損|失|と|し|て|処|理|す|る|た|
|め|に|計|上|さ|れ|る|引|当|金|が|、|工|事|損|失|引|当|金|で|あ|る|❹|。|な|お|
|、|完|成|工|事|補|償|引|当|金|は|、|債|務|性|引|当|金|で|あ|る|の|に|対|し|
|て|、|工|事|損|失|引|当|金|は|、|将|来|に|損|失|を|繰|り|延|べ|な|い|た|め|
|に|計|上|さ|れ|る|非|債|務|性|引|当|金|で|あ|る|と|い|う|違|い|が|あ|る|❷|。|

（5行目に「が」、10行目に「、」）

**第2問** 14点

記号（ア〜タ）

| 1 | 2 | 3 | 4 | 5 | 6 | 7 |
|---|---|---|---|---|---|---|
| カ | シ | オ | コ | ソ | セ | ク |

各❷

**第3問** 16点

記号（AまたはB）

| 1 | 2 | 3 | 4 | 5 | 6 | 7 | 8 |
|---|---|---|---|---|---|---|---|
| A | B | A | B | B | B | B | A |

各❷

**第4問** 14点

問1　①　　　5160　千円　❸

　　　②　　　6000　千円　❸

問2　　　1635　千円　❹

問3　　　700　千円　❹

解

答

第28回

精　算　表　　　　　　（単位：千円）

| 勘定科目 | 残高試算表 借方 | 残高試算表 貸方 | 整理記入 借方 | 整理記入 貸方 | 損益計算書 借方 | 損益計算書 貸方 | 貸借対照表 借方 | 貸借対照表 貸方 |
|---|---|---|---|---|---|---|---|---|
| 現　金　預　金 | 6257 | | | | | | 6257 | |
| 受　取　手　形 | 12000 | | | | | | 12000 | |
| 貸 倒 引 当 金 | | 1280 | | 2280 | | | | 3560 |
| 未成工事支出金 | 208553 | | 1664 / 4800 / 1153 | 170 / 216000 | | | | |
| 仮 払 法 人 税 等 | 1200 | | | 1200 | | | | |
| 機　械　装　置 | 63000 | | 1640 | 12000 | | | ❸52640 | |
| 機械装置減価償却累計額 | | 9600 | 3600 | 1664 / 4800 | | | | ❸12464 |
| 土　　　　　地 | 17000 | | | | | | 17000 | |
| 投 資 有 価 証 券 | 4000 | | 800 | | | | 4800 | |
| その他の諸資産 | 32478 | | | | | | 32478 | |
| 工 事 未 払 金 | | 32157 | | | | | | 32157 |
| 未成工事受入金 | | 90000 | 90000 | | | | | |
| 完成工事補償引当金 | | 127 | | 1153 | | | | ❸1280 |
| 退職給付引当金 | | 33490 | 170 | 430 | | | | ❸33750 |
| その他の諸負債 | | 20684 | | | | | | 20684 |
| 資　本　金 | | 150000 | | | | | | 150000 |
| 資 本 準 備 金 | | 19000 | | | | | | 19000 |
| 利 益 準 備 金 | | 7000 | | | | | | 7000 |
| 繰越利益剰余金 | | 2000 | | | | | | 2000 |
| 雑　収　入 | | 2654 | | | | 2654 | | |
| 販売費及び一般管理費 | 18652 | | | 430 | 19082 | | | |
| その他の諸費用 | 4852 | | | | 4852 | | | |
| | 367992 | 367992 | | | | | | |
| 資 産 除 去 債 務 | | | | 1640 / 32 | | | | 1672 |
| 固定資産除却損 | | | 8400 | | ❸8400 | | | |
| 利　息　費　用 | | | 32 | | ❸32 | | | |
| 貸倒引当金繰入額 | | | 2280 | | ❸2280 | | | |
| その他有価証券評価差額金 | | | | 560 | | | | ❸560 |
| 繰 延 税 金 資 産 | | | 210 | | | | 210 | |
| 繰 延 税 金 負 債 | | | | 240 | | | | 240 |
| 完成工事未収入金 | | | 166000 | | | | 166000 | |
| 完 成 工 事 高 | | | | 256000 | | ❸256000 | | |
| 完 成 工 事 原 価 | | | 216000 | | 216000 | | | |
| 未 払 法 人 税 等 | | | | 1412 | | | | 1412 |
| 法人税、住民税及び事業税 | | | 2612 | | ❸2612 | | | |
| 法人税等調整額 | | | | 210 | | ❸210 | | |
| | | | 499791 | 499791 | 253258 | 258864 | 291385 | 285779 |
| 当 期（純 利 益） | | | | | ❸5606 | | | 5606 |
| | | | | | 258864 | 258864 | 291385 | 291385 |

●数字…予想配点

# 第28回 解答への道 問題 22

## 第1問 ● 論述問題（引当金）

### 問1 引当金繰入額を計上する目的とその要件

引当金とは、将来の費用又は損失の発生に備えて、当期の負担に属する金額を費用又は損失として見越し計上した場合の貸方項目である。

(1) 引当金繰入額を計上する目的

引当金繰入額を計上する目的は、主として期間利益の計算を正確に行うことにある。

(2) 引当金繰入額を計上する要件

次の4つの要件をすべて満たした場合に計上される。

① 将来の特定の費用または損失であること

② その発生が当期以前の事象に起因していること

③ 発生の可能性が高いこと

④ その金額を合理的に見積もることができること

### 問2 完成工事補償引当金と工事損失引当金の説明と債務性による分類

(1) 完成工事補償引当金

完成工事補償引当金は、建設業において、契約により一定期間内、工事箇所に不都合が生じた場合などに無償で補修を行うため、この支出に備えて設定される引当金である。

(2) 工事損失引当金

工事損失引当金は、工事契約から損失が見込まれる場合において、将来の工事損失に備えて設定される引当金である。

(3) 引当金の分類（債務性による分類）

負債の部の引当金は、債務性の有無により、債務たる引当金（条件付債務）と債務でない引当金（非債務）とに分類することができる。

| 債務たる引当金<br>（条件付債務） | 完成工事補償引当金、製品保証引当金、賞与引当金、退職給付引当金など |
|---|---|
| 債務でない引当金<br>（非　債　務） | 工事損失引当金、修繕引当金、特別修繕引当金、損害保証損失引当金、債務保証損失引当金など |

## 第2問 ● 空欄記入問題（記号選択）

### (1) リース取引の分類と会計処理方法

| リース取引 | ファイナンス・リース取引 | 売買処理 |
|---|---|---|
| | オペレーティング・リース取引 | 賃貸借処理 |

### ⑵ ファイナンス・リース取引とオペレーティング・リース取引

　ファイナンス・リース取引とは、次の2つの要件をともに満たす取引をいい、オペレーティング・リース取引とは、ファイナンス・リース取引以外のリース取引をいう。

① 解約不能（ノン・キャンセラブル）
　・解約することができないリース取引
　・解約することができないリース取引に準じるリース取引
② フルペイアウト
　・借手がリース物件の経済的利益を実質的に享受すること
　・借手がリース物件の使用に伴って生じるコストを実質的に負担すること

## 第3問 ● 正誤問題

　認められないもの「B」について解説する。

2．資本金を減少させた際に発生した差益は、当期の損益ではなく、その他資本剰余金に計上する。

4．通常、固定資産の購入に伴う支出額は、投資活動によるキャッシュ・フローの区分に計上されるが、資金繰りの関係上、分割払いにした場合、財務活動によるキャッシュ・フローの区分に計上される。

5．貸借対照表を作成する日までに発生した重要な後発事象は、財務諸表に注記しなければならない。

6．子会社の決算日と連結決算日の差異が3か月を超えているため、子会社は、連結決算日に正規の決算に準じる合理的な手続きにより決算を行わなければならない。

7．貸借対照表項目のうち純資産の項目は、株式取得時の為替相場等により換算される。

## 第4問 ● 会計上の変更及び誤謬の訂正（以下、単位：千円）

**【参　考】会計方針の開示、会計上の変更及び誤謬の訂正に関する会計基準**

　会計上の変更及び過去の誤謬の訂正があった場合には、原則として次のように取り扱う。

| | | | 原則的な取扱い |
|---|---|---|---|
| 会計上の変更 | 会計方針の変更 | 遡及処理する | 遡及適用 |
| | 表示方法の変更 | | 財務諸表の組替え |
| | 会計上の見積りの変更 | 遡及処理しない | 当期または当期以後の財務諸表に反映させる |
| 過 去 の 誤 謬 の 訂 正 | | 遡及処理する | 修正再表示 |

（注1）「会計方針」とは、財務諸表の作成にあたって採用した会計処理の原則および手続をいう。

（注2）「会計上の見積り」とは、資産および負債や収益および費用などの額に不確実性がある場合において、財務諸表作成時に入手可能な情報にもとづいて、その合理的な金額を算出することをいう。

（注3）「誤謬」とは、原因となる行為が意図的であるか否かにかかわらず、財務諸表作成時に入手可能な情報を使用しなかったことによる、または、これを誤用したことによる誤りをいう。

（注4）遡及処理とは、①新たな会計方針や表示方法を過去の財務諸表にさかのぼって適用していたかのように会計処理し、表示の方法を変更すること、または、②過去の財務諸表における誤謬の訂正を財務諸表に反映することをいう。

（注5）修正再表示とは、過去の財務諸表における誤謬の訂正を財務諸表に反映することをいう。

| 問1 | 耐用年数の変更 |
|---|---|

1．耐用年数の見積りの変更となる場合

(1) 20×1年度〜20×7年度の減価償却費

変更前の期間の修正は行わない。

| （減　価　償　却　費）（＊） | 600 | （機械減価償却累計額）（＊） | 600 |
|---|---|---|---|

（＊）（10,000 − 1,000）÷15年 = 600〈各年度の減価償却費〉

∴　20×7年度決算後の減価償却累計額：600 × 7 年 = 4,200

(2) 20×8年度の減価償却費

変更時の未償却残高を変更後の残存耐用年数により減価償却を行う。

| （減　価　償　却　費）（＊） | 960 | （機械減価償却累計額） | 960 |
|---|---|---|---|

（＊）（10,000 − 1,000 − 4,200）÷ 5 年〈残存耐用年数〉= 960

∴　①20×8年度決算後の減価償却累計額：4,200 + 960 = **5,160**

2．耐用年数の誤謬の訂正となる場合

(1) 20×1年度〜20×7年度の減価償却費の訂正

当初から変更後の耐用年数により減価償却を行ってきたように、変更前の期間の修正を行う。

| （繰 越 利 益 剰 余 金）（＊） | 1,050 | （機械減価償却累計額） | 1,050 |
|---|---|---|---|

（＊）7 年〈前期末までの経過年数〉+ 5 年〈残存耐用年数〉= 12年〈変更後の耐用年数〉

（10,000 − 1,000）÷12年 = 750〈各年度の減価償却費〉

750 × 7 年 = 5,250〈修正後〉

5,250 − 4,200〈修正前〉= 1,050

(2) 20×8年度の減価償却費

| （減　価　償　却　費）（＊） | 750 | （機械減価償却累計額） | 750 |
|---|---|---|---|

（＊）（10,000 − 1,000）÷12年 = 750

∴　②20×8年度決算後の減価償却累計額：4,200 + 1,050 + 750 = **6,000**

| 問2 | 減価償却方法の変更 |
|---|---|

減価償却方法の変更は、会計方針の変更に該当するが、会計上の見積りの変更と同様の会計処理を行う。従って、当期以降の期間で、変更前の未償却残高を変更後の残存耐用年数により変更後の償却方法で減価償却を行う。

1．20×5年度〜20×7年度の減価償却費

| （減　価　償　却　費）（＊） | 720 | （機械減価償却累計額）（＊） | 720 |
|---|---|---|---|

（＊）（8,000 − 800）÷10年 = 720〈各年度の減価償却費〉

∴　20×7年度決算後の減価償却累計額：720 × 3 年 = 2,160

2．20×8年度の減価償却費

| （減　価　償　却　費）（＊） | 1,635 | （機械減価償却累計額）（＊） | 1,635 |
|---|---|---|---|

（＊）（8,000 − 2,160）× 0.280〈残存耐用年数にもとづく償却率〉≒ 1,635 （千円未満切り捨て）

問3　火災に伴う臨時損失（応急措置を含む）

| （建物減価償却累計額）（＊2） | 450 | （建　　　　　　物）（＊1） | 1,000 |
| （火　災　損　失）（＊3） | 700 | （現　金　預　金） | 150 |

（＊1）　5,000×20％＝1,000

（＊2）　2,250×20％＝450

（＊3）　（1,000－450）＋150＝700


# 第5問 ● 精算表（以下、単位：千円）

## (1) 機械装置（除去義務のある機械装置）

① 購入時の処理の修正

| （機　械　装　置）（＊） | 1,640 | （資　産　除　去　債　務） | 1,640 |

（＊）　2,000×0.820〈10年の現価係数〉＝1,640

② 減価償却と利息費用

| （未　成　工　事　支　出　金）（＊1） | 1,664 | （機械装置減価償却累計額） | 1,664 |
| （利　　息　　費　　用）（＊2） | 32 | （資　産　除　却　債　務） | 32 |

（＊1）　（15,000＋1,640）÷10年＝1,664

（＊2）　1,640×2％≒32（千円未満の端数切り捨て）

## (2) その他の機械装置

① 4台の減価償却

| （未　成　工　事　支　出　金）（＊） | 4,800 | （機械装置減価償却累計額） | 4,800 |

（＊）　48,000÷10年＝4,800

② 水没した1台の廃棄処分

| （機械装置減価償却累計額）（＊2） | 3,600 | （機　械　装　置）（＊1） | 12,000 |
| （固　定　資　産　除　却　損）（＊3） | 8,400 | | |

（＊1）　48,000÷4台＝12,000

（＊2）　12,000÷10年×3年＝3,600

（＊3）　貸借差額

## (3) その他有価証券の時価評価

| （投　資　有　価　証　券）（＊1） | 800 | （繰　延　税　金　負　債）（＊2） | 240 |
| | | （その他有価証券評価差額金）（＊3） | 560 |

（＊1）　4,800〈期末時価〉－4,000〈T／B投資有価証券〉＝800〈評価益〉

（＊2）　800×30％〈税率〉＝240

（＊3）　800－240＝560

**(4) 退職給付引当金の計上（予定計上額の修正と販売費及び一般管理費の計上）**

| | | | | |
|---|---|---|---|---|
| （退 職 給 付 引 当 金）（＊） | 170 | （未 成 工 事 支 出 金） | 170 |
| （販 売 費 及 び 一 般 管 理 費） | 430 | （退 職 給 付 引 当 金） | 430 |

（＊）240×12ヵ月＝2,880〈予定計上額〉

2,710〈実際計上額〉－2,880＝△170〈減算修正〉

**(5) 未成工事支出金の完成工事原価への振り替えと完成工事高の計上**

| | | | | |
|---|---|---|---|---|
| （完 成 工 事 原 価）（注） | 216,000 | （未 成 工 事 支 出 金） | 216,000 |
| （未 成 工 事 受 入 金）（＊2） | 90,000 | （完 成 工 事 高）（＊1） | 256,000 |
| （完 成 工 事 未 収 入 金）（＊3） | 166,000 | | |

（＊1）$\dfrac{123,000+165,000}{680,000}=\dfrac{288,000}{680,000}$〈第2期までの工事進捗度〉

850,000〈当初契約時の請負工事代金〉×$\dfrac{288,000}{680,000}$＝360,000〈第2期までの完成工事高〉

$\dfrac{123,000+165,000+216,000}{720,000}=0.7$〈第3期までの工事進捗度〉

880,000〈変更後の請負工事代金〉×0.7－360,000＝256,000〈第3期の完成工事高〉

（＊2）250,000＋200,000－360,000＝90,000〈T／B未成工事受入金〉

（＊3）貸借差額

（注）この段階では、後述する完成工事補償引当金の計上が未処理であるため計算することができないが、計算済みの金額216,000千円が資料に与えられているので先に振替仕訳を示しておく。

**(6) 貸倒引当金（差額補充法）と税効果会計**

| | | | | |
|---|---|---|---|---|
| （貸 倒 引 当 金 繰 入 額）（＊1） | 2,280 | （貸 倒 引 当 金） | 2,280 |
| （繰 延 税 金 資 産）（＊2） | 210 | （法 人 税 等 調 整 額） | 210 |

（＊1）（12,000〈T／B受取手形〉＋166,000〈完成工事未収入金〉）×2％＝3,560〈設定額〉

3,560－1,280〈T／B貸倒引当金〉＝2,280〈繰入額〉

（＊2）700〈損金不算入額〉×30％〈税率〉＝210〈繰延税金資産〉

**(7) 完成工事補償引当金（差額補充法）**

| | | | |
|---|---|---|---|
| （未 成 工 事 支 出 金）（＊） | 1,153 | （完 成 工 事 補 償 引 当 金） | 1,153 |

（＊）256,000〈完成工事高〉×0.5％＝1,280〈設定額〉

1,280－127〈T／B完成工事補償引当金〉＝1,153〈繰入額〉

（注）この段階で完成工事原価216,000千円を計算することができる。

未成工事支出金

| | | | |
|---|---|---|---|
| T／B | 208,553 | (4) | 170 |
| (1) | 1,664 | | |
| (2) | 4,800 | 216,000 | |
| (7) | 1,153 | | |

| （法人税、住民税及び事業税）（＊1） | 2,612 | （仮 払 法 人 税 等） | 1,200 |
|---|---|---|---|
| | | （未 払 法 人 税 等）（＊2） | 1,412 |

（＊1） 258,654〈収益合計〉－250,646〈費用合計〉＝8,008〈税引前当期純利益〉

8,008〈税引前当期純利益〉＋700〈損金不算入額〉＝8,708〈課税所得〉

8,708×30%〈税率〉≒2,612〈法人税、住民税及び事業税〉

（＊2） 貸借差額

　なお、資料(9)に「税効果を考慮した上で、当期純損益を計上する。」とあることから、税引前当期純利益に対して、税効果後の法人税、住民税及び事業税が30%となるように計算することもできる。

| 税 引 前 当 期 純 利 益 | | 8,008 | |
|---|---|---|---|
| 法人税、住民税及び事業税 | 2,612 | | |
| 法 人 税 等 調 整 額 | △210 | 2,402 | ←8,008×30% |
| 当 期 純 利 益 | | 5,606 | |

8,008〈税引前当期純利益〉×30%〈税率〉≒2,402〈税効果後の法人税、住民税及び事業税〉

2,402＋210〈法人税等調整額〉＝2,612〈税効果前の法人税、住民税及び事業税〉

# 第29回　解　答

解

答

**第1問** 20点　解答にあたっては、各問とも指定した字数以内（句読点を含む）で記入すること。

第29回

問1

正規の簿記の原則は、正確な会計帳簿の作成とその会計帳簿にもとづいて財務諸表を作成することを要請している。❹帳簿記録の要件は、記録の網羅性、記録の検証可能性および記録の秩序性の三つである。❷重要性の原則は、重要項目への厳密な会計処理方法の適用を前提にしつつ、非重要項目への簡便な会計処理方法の適用を容認する許容原則である。❷前述した正規の簿記の原則によれば、記録の網羅性が要求されるが、すべての取引項目を完全に記録することを必ずしも要求していない。❷重要性の原則に従って簡便な方法によって行われた処理は、正規の簿記の原則に従った処理として認められる。❷

問2

企業会計が目的とするところは、企業の財務内容を明らかにし、企業の状況に関する利害関係者の判断を誤らせないようにすることにある。❷重要性の乏しいものについて、簡便な処理を行うことにより簿外資産や簿外負債が生じることがあるが、利害関係者の判断を誤らせるようなものではない。❷こうした簡便な処理方法の適用が企業会計上認められる根拠は、企業の状況に関する大局的な観察を前提にした「計算の経済性」に求められる。❹

**第2問** 14点

記号（ア～チ）

| 1 | 2 | 3 | 4 | 5 | 6 | 7 |
|---|---|---|---|---|---|---|
| カ | ス | ア | セ | ソ | タ | コ |

各❷

**第3問** 16点

記号（AまたはB）

| 1 | 2 | 3 | 4 | 5 | 6 | 7 | 8 |
|---|---|---|---|---|---|---|---|
| B | A | B | B | B | B | A | A |

各❷

**第4問** 14点

問1 | | | 1 | 5 | 0 | 0 | 千円 ❹

問2 | | | 3 | 9 | 0 | 0 | 千円 ❺

問3 | | | 2 | 4 | 0 | 0 | 千円 ❺

96

**第5問** 36点

解答

第29回

## 精算表 （単位：千円）

| 勘定科目 | 残高試算表 借方 | 残高試算表 貸方 | 整理記入 借方 | 整理記入 貸方 | 損益計算書 借方 | 損益計算書 貸方 | 貸借対照表 借方 | 貸借対照表 貸方 |
|---|---|---|---|---|---|---|---|---|
| 現金預金 | 7153 | | | | | | 7153 | |
| 受取手形 | 38000 | | | | | | 38000 | |
| 完成工事未収入金 | 52800 | | 183200 | | | | 236000 | |
| 貸倒引当金 | | 2430 | | 3050 | | | | 5480 |
| 未成工事支出金 | 220667 | | 7500 / 1903 | 1070 / 229000 | | | | |
| 仮払法人税等 | 9500 | | | 9500 | | | | |
| 機械装置 | 75000 | | | 15000 | | | 60000 | |
| 機械装置減価償却累計額 | | 22500 | 6000 | 7500 | | | | ❸24000 |
| 土地 | 22000 | | | | | | 22000 | |
| 定期預金 | 25000 | | 750 | | | | 25750 | |
| 投資有価証券 | 18000 | | 1200 | | | | 19200 | |
| その他の諸資産 | 21582 | | | | | | 21582 | |
| 工事未払金 | | 42157 | | | | | | 42157 |
| 未成工事受入金 | | 65900 | 65900 | | | | | |
| 完成工事補償引当金 | | 1168 | | 1903 | | | | ❸3071 |
| 退職給付引当金 | | 95715 | 1070 | 1290 | | | | ❸95935 |
| その他の諸負債 | | 20684 | | | | | | 20684 |
| 資本金 | | 160000 | | | | | | 160000 |
| 資本準備金 | | 19000 | | | | | | 19000 |
| 利益準備金 | | 7000 | | | | | | 7000 |
| 繰越利益剰余金 | | 2000 | | | | | | 2000 |
| 完成工事高 | | 365200 | | 249100 | | ❸614300 | | |
| 完成工事原価 | 292160 | | 229000 | | 521160 | | | |
| 受取利息 | | 750 | | 1522 | | ❸772 | | |
| 雑収入 | | 2152 | | | | 2152 | | |
| 販売費及び一般管理費 | 20594 | | 1290 | | ❸21884 | | | |
| その他の諸費用 | 2700 | | | | 2700 | | | |
| | 805906 | 805906 | | | | | | |
| 固定資産除却損 | | | 9000 | | ❸9000 | | | |
| 未収利息 | | | 772 | | | | 772 | |
| 貸倒引当金繰入額 | | | 3050 | | ❸3050 | | | |
| その他有価証券評価差額金 | | | | 840 | | | | ❸840 |
| 繰延税金資産 | | | 540 | | | | 540 | |
| 繰延税金負債 | | | | 360 | | | | 360 |
| 未払法人税等 | | | | 8869 | | | | 8869 |
| 法人税、住民税及び事業税 | | | 18369 | | ❸18369 | | | |
| 法人税等調整額 | | | | 540 | | ❸540 | | |
| | | | 529544 | 529544 | 576163 | 617764 | 430997 | 389396 |
| 当期（純利益） | | | | | ❸41601 | | | 41601 |
| | | | | | 617764 | 617764 | 430997 | 430997 |

●数字…予想配点

97

## 第1問 ● 論述問題（正規の簿記の原則と重要性の原則）

1．正規の簿記の原則とは

　　正規の簿記の原則は、正確な会計帳簿を作成し、その会計帳簿にもとづいて財務諸表を作成（誘導法）することを要請する原則である。

　　正確な会計帳簿とは、(a)網羅性、(b)検証可能性、(c)秩序性の3つを満たすものをいう。

　(a)　網　羅　性…すべての取引が漏れなく記録されていること

　(b)　検証可能性…会計記録が証拠資料により検証できること

　(c)　秩　序　性…会計記録が継続的、組織的にまとめられていること

2．重要性の原則とは、

　　重要性の原則は、重要項目への厳密な会計処理方法の適用を前提にしつつ、非重要項目への簡便な会計処理方法の適用を容認する原則である。

　　重要性の判断は、金額の大小や性質によって判断される。

　(a)　金額的に僅少である

　(b)　まとめて表示することが合理的である会計科目　　　　　　計算の経済性

　(c)　厳密な会計処理が煩雑さをもたらし、明瞭さを損なう場合

3．2つの原則の関係性

　　重要性の乏しいものについては、簡便な方法による処理を行うことも、正規の簿記の原則に従った会計処理として認められる。

## 第2問 ● 空欄記入問題（棚卸資産、固定資産）

1．棚卸資産は販売を目的に保有、生産その他企業の営業活動で短期間保有される財・用役をいい、建設業の貸借対照表においては次のように分類される。

　(1)　未成工事支出金

　　　販売目的（販売目的で建設中のものを含む）で短期的に保有するものであり、工事収益をいまだ認識していない工事に要した材料費等の工事原価のほか、特定工事に係る前渡金・材料・仮設材料などである。

　(2)　材料貯蔵品

　　　生産その他企業の営業活動で短期的に保有するものであり、手持の工事用原材料・仮設材料・機械部品等の消耗工具器具備品・事務用消耗品などである。

2．固定資産は、企業が営業目的を達成するために長期にわたって使用し、あるいは保有する資産であり、建設業の貸借対照表においては次のように分類される。

　(1)　有形固定資産

　　　企業が営業目的を達成するために長期にわたって使用する資産のうち形のあるものであり、建物・構築物、機械・運搬具、工具器具・備品、土地、建設仮勘定などが含まれる。

(2) 無形固定資産

　　企業が営業目的を達成するために長期にわたって使用する資産のうち形のないものであり、特許権、借地権などの法律上の権利のほか、営業権のような事実上の権利が含まれる。

(3) 投資その他の資産

　　固定資産のうち有形固定資産および無形固定資産以外のものをいい、長期利殖を目的として保有する有価証券、子会社株式・出資金、長期貸付金などのほか、長期の前払費用があげられる。

## ▶第3問 ● 正誤問題

認められないもの「B」について解説する。

1．新株予約権について、権利が行使されずに権利行使期限が到来したときは、資本金に振り替えるのではなく、利益として処理する。

3．減価償却方法の変更は、会計方針の変更に該当するが、会計上の見積りの変更と同様に処理するため、遡及適用は行わない。

4．耐用年数の見積りの変更は、償却不足額を当期に一括して償却すると考えるのではなく、見積りを変更した当期以降の会計期間の減価償却計算を修正する。

5．修繕という行為は、「原状の回復」という当該資産の使用中に発生した摩滅や破損の復旧をその内容とするものであって、そのための支出はなんらの付加価値をもたらすものではない。また、この支出と対応する収益も一般的にいって支出以前に発生（実現）しているものと考えられる。この意味で、修繕費の半額の繰延処理は妥当でない。

6．保守主義は、企業財政の安全性への考慮を要請するものではあるが、その適用にあたっては慎重な判断が必要とされる。係争中の訴訟事件について敗訴の可能性が大きく、その金額を合理的に見積ることができる場合には、引当金を計上する必要があるが、勝訴できる可能性が大きいにもかかわらず引当金を計上することは、「過度の保守主義」として認められない。

**第4問●連結会計（以下、単位：千円）**

1．子会社の資産および負債の評価替え（全面時価評価法）

| （諸 資 産）（＊1） | 3,000 | （諸 負 債）（＊2） | 1,500 |
|---|---|---|---|
| | | （評 価 差 額）（＊3） | 1,500 |

（＊1）51,000〈時価〉－48,000〈帳簿価額〉＝3,000

（＊2）31,500〈時価〉－30,000〈帳簿価額〉＝1,500

（＊3）3,000－1,500＝**1,500**〈評価差額〉

2．親会社（P社）投資と子会社（S社）資本の相殺消去

| （資 本 金） | 15,000 | （S 社 株 式） | 18,000 |
|---|---|---|---|
| （利 益 剰 余 金） | 3,000 | （非 支 配 株 主 持 分）（＊1） | 3,900 |
| （評 価 差 額） | 1,500 | | |
| （の れ ん）（＊2） | 2,400 | | |

（＊1）15,000〈資本金〉＋3,000〈利益剰余金〉＋1,500〈評価差額〉＝19,500〈S社資本合計〉

19,500〈S社資本合計〉×20％＝**3,900**〈非支配株主持分〉

（＊2）19,500〈S社資本合計〉×80％＝15,600〈P社持分〉

18,000〈S社株式〉－15,600〈P社持分〉＝**2,400**〈のれん〉

**第5問●精算表（以下、単位：千円）**

(1) 機械装置

① 5台の減価償却

| （未 成 工 事 支 出 金）（＊） | 7,500 | （機械装置減価償却累計額） | 7,500 |
|---|---|---|---|

（＊）75,000÷10年＝7,500

② 水没した1台の廃棄処分

| （機械装置減価償却累計額）（＊2） | 6,000 | （機 械 装 置）（＊1） | 15,000 |
|---|---|---|---|
| （固 定 資 産 除 却 損）（＊3） | 9,000 | | |

（＊1）75,000÷5台＝15,000

（＊2）15,000÷10年×4年＝6,000

（＊3）15,000－6,000＝9,000

(2) 定期預金（元利継続式）

① 前期末の未収利息の計上

| （未 収 利 息）（＊） | 750 | （受 取 利 息） | 750 |
|---|---|---|---|

（＊）25,000×3％＝750

② 当期首の再振替仕訳（「経過勘定項目はすべて期首に再振替されている。」との文言より）

| （受 取 利 息） | 750 | （未 収 利 息） | 750 |
|---|---|---|---|

③ 受取利息（前期分）の元金への預入れと当期末の未収利息の計上

| （定 期 預 金）（＊１） | 750 | （受 取 利 息）（＊３） | 1,522 |
| （未 収 利 息）（＊２） | 772 | | |

（＊１）25,000×3％＝750

（＊２）（25,000＋750）×3％≒772

（＊３）750＋772＝1,522

### (3) その他有価証券の時価評価

| （投 資 有 価 証 券）（＊１） | 1,200 | （繰 延 税 金 負 債）（＊２） | 360 |
| | | （その他有価証券評価差額金）（＊３） | 840 |

（＊１）19,200〈期末時価〉－18,000〈T／B投資有価証券〉＝1,200〈評価益〉

（＊２）1,200×30％〈実効税率〉＝360

（＊３）1,200－360＝840

### (4) 退職給付引当金の計上（予定計上額の修正と販売費及び一般管理費の計上）

| （退 職 給 付 引 当 金）（＊） | 1,070 | （未 成 工 事 支 出 金） | 1,070 |
| （販売費及び一般管理費） | 1,290 | （退 職 給 付 引 当 金） | 1,290 |

（＊）1,050×12ヵ月＝12,600〈予定計上額〉

11,530〈実際計上額〉－12,600＝△1,070〈減算修正〉

### (5) 未成工事支出金の完成工事原価への振り替えと完成工事高の計上

| （完 成 工 事 原 価）（注） | 229,000 | （未 成 工 事 支 出 金） | 229,000 |
| （未 成 工 事 受 入 金）（＊２） | 65,900 | （完 成 工 事 高）（＊１） | 249,100 |
| （完 成 工 事 未 収 入 金）（＊３） | 183,200 | | |

（＊１）$\frac{82,000＋175,000}{600,000}＝\frac{257,000}{600,000}$〈第2期までの工事進捗度〉

780,000〈当初契約時の請負工事代金〉×$\frac{257,000}{600,000}$＝334,100〈第2期までの完成工事高〉

$\frac{82,000＋175,000＋229,000}{675,000}＝0.72$〈第3期までの工事進捗度〉

810,000〈変更後の請負工事代金〉×0.72－334,100＝249,100〈第3期の完成工事高〉

（＊２）150,000＋250,000－334,100＝65,900〈T／B未成工事受入金〉

（＊３）249,100－65,900＝183,200

（注）この段階では、後述する完成工事補償引当金の計上が未処理であるため計算することができないが、計算済みの金額229,000千円が資料に与えられているので先に振替仕訳を示しておく。

101

(6) 貸倒引当金（差額補充法）と税効果会計

| （貸倒引当金繰入額）（＊1） | 3,050 | （貸 倒 引 当 金） | 3,050 |
| （繰 延 税 金 資 産）（＊2） | 540 | （法 人 税 等 調 整 額） | 540 |

（＊1）52,800〈T／B完成工事未収入金〉＋183,200〈(5)の完成工事未収入金〉＝236,000〈B／S完成工事未収入金〉

（38,000〈T／B受取手形〉＋236,000〈完成工事未収入金〉）× 2 ％＝5,480〈設定額〉

5,480－2,430〈T／B貸倒引当金〉＝3,050〈繰入額〉

（＊2）1,800〈損金不算入額〉×30％〈実効税率〉＝540〈繰延税金資産〉

(7) 完成工事補償引当金（差額補充法）

| （未 成 工 事 支 出 金）（＊） | 1,903 | （完成工事補償引当金） | 1,903 |

（＊）（365,200〈T／B完成工事高〉＋249,100〈(5)の完成工事高〉）×0.5％≒3,071〈設定額〉

3,071－1,168〈T／B完成工事補償引当金〉＝1,903〈繰入額〉

（注）この段階で(5)の完成工事原価229,000千円を計算することができる。

未 成 工 事 支 出 金

| T／B | 220,667 | (4) | 1,070 |
| (1) | 7,500 | | |
| (7) | 1,903 | | 229,000 |

(8) 法人税、住民税及び事業税の計上と当期純利益の計算

| （法人税、住民税及び事業税）（＊1） | 18,369 | （仮 払 法 人 税 等） | 9,500 |
| | | （未 払 法 人 税 等）（＊2） | 8,869 |

（＊1）617,224〈収益合計〉－557,794〈費用合計〉＝59,430〈税引前当期純利益〉

59,430〈税引前当期純利益〉＋1,800〈損金不算入額〉＝61,230〈課税所得〉

61,230×30％〈実効税率〉＝18,369〈法人税、住民税及び事業税〉

（＊2）18,369－9,500＝8,869

　なお、資料(9)に「税効果を考慮した上で、当期純損益を計上する。」とあることから、税引前当期純利益に対して、税効果後の『法人税、住民税及び事業税』が30％となるように計算することもできる。

| 税 引 前 当 期 純 利 益 | | 59,430 |
| 法人税、住民税及び事業税 | 18,369 | |
| 法 人 税 等 調 整 額 | △540 | 17,829 ←59,430×30％ |
| 当 期 純 利 益 | | 41,601 |

59,430〈税引前当期純利益〉×30％〈実効税率〉＝17,829〈税効果後の法人税、住民税及び事業税〉

17,829＋540〈法人税等調整額〉＝18,369〈税効果前の法人税、住民税及び事業税〉

# 第30回 解 答

**第1問** **20点** 解答にあたっては、各問とも指定した字数以内（句読点を含む）で記入すること。

**問1**

退職給付債務とは、一定の期間にわたり労働を提供したこと等の事由に基づいて、退職以後に従業員に支給される給付（退職給付見込額）としての退職給付のうち❷、認識時点までに発生していると認められるものをいい❷、割引計算により測定される。❷

退職給付見込額の算定は、将来の給付に影響を与える要因、すなわち昇給率や退職率等を考慮して算定され❷、退職給付見込額を算定した後は、その金額をもとに「期間定額基準」又は「給付算定式基準」により当期までに負担すべき金額を計算する。❷その当期までに負担すべき金額を現時点の金額に直すために、割引計算が行われる。この金額が「退職給付債務」である。❷

**問2**

退職給付会計の処理に関して、個別財務諸表と連結財務諸表との間で異なる点は、未認識数理計算上の差異および未認識過去勤務費用の取り扱いである。❹これらの項目は、個別財務諸表上はオフバランスであるのに対して、連結財務諸表上はオンバランスされる。❷ただし、期間利益計算に影響を与えないように、税効果を調整の上、その他の包括利益として認識し、純資産の部のその他の包括利益累計額に計上されることになる。❷

**第2問** 14点

記号（ア～タ）

| 1 | 2 | 3 | 4 | 5 | 6 | 7 |
|---|---|---|---|---|---|---|
| カ | ア | シ | タ | ク | コ | エ |

各❷

**第3問** 16点

記号（AまたはB）

| 1 | 2 | 3 | 4 | 5 | 6 | 7 | 8 |
|---|---|---|---|---|---|---|---|
| A | B | B | A | A | A | B | A |

各❷

**第4問** 14点

記号（ア～ス）も必ず記入のこと

| | | 借 方 | | | | | 貸 方 | | | |
|---|---|---|---|---|---|---|---|---|---|---|
| | 記号 | 勘 定 科 目 | 金 額 | | | 記号 | 勘 定 科 目 | 金 額 | | |
| 問1 | ア | リ ー ス 資 産 | 3 4 2 0 0 0 0 | | | カ | リ ー ス 債 務 | 3 4 2 0 0 0 0 | | ❹ |
| 問2 | オ | 支 払 利 息 | 1 5 0 0 0 0 | | | キ | 現 金 | 3 0 0 0 0 0 | | ❹ |
| | カ | リ ー ス 債 務 | 2 8 5 0 0 0 | | | | | | | |
| 問3 | サ | 減 価 償 却 費 | 2 8 5 0 0 0 | | | ク | 減価償却累計額 | 2 8 5 0 0 0 | | ❸ |
| 問4 | サ | 減 価 償 却 費 | 4 5 4 8 6 0 0 | | | ク | 減価償却累計額 | 4 5 4 8 6 0 0 | | ❸ |

問3 【別解】（借方）サ 減価償却費 5,711,400　（貸方）ク 減価償却累計額 5,711,400

104

**第5問** 36点

## 精算表 (単位：千円)

| 勘定科目 | 残高試算表 借方 | 貸方 | 整理記入 借方 | 貸方 | 損益計算書 借方 | 貸方 | 貸借対照表 借方 | 貸方 |
|---|---|---|---|---|---|---|---|---|
| 現 金 預 金 | 5235 | | | | | | 5235 | |
| 受 取 手 形 | 18000 | | | | | | 18000 | |
| 完成工事未収入金 | 52800 | | 250000 | | | | 302800 | |
| 貸 倒 引 当 金 | | 525 | | 5891 | | | | 6416 |
| 貸 付 金 | 2000 | | 150 | | | | 2150 | |
| 未成工事支出金 | 233342 | | 4600 / 140 / 1918 | 240000 | | | | |
| 仮 払 法 人 税 等 | 10300 | | | 10300 | | | | |
| 機 械 装 置 | 46000 | | | 2486 | | | ❸43514 | |
| 機械装置減価償却累計額 | | 27600 | | 4600 | | | | ❸32200 |
| 土 地 | 36000 | | | | | | 36000 | |
| 投 資 有 価 証 券 | 17640 | | 180 / 90 | | | | 17910 | |
| その他の諸資産 | 19396 | | | | | | 19396 | |
| 工 事 未 払 金 | | 39728 | | | | | | 39728 |
| 未成工事受入金 | | 25000 | 25000 | | | | | |
| 完成工事補償引当金 | | 868 | | 1918 | | | | ❸2786 |
| 退職給付引当金 | | 45632 | | 700 | | | | ❸46332 |
| その他の諸負債 | | 22870 | | | | | | 22870 |
| 資 本 金 | | 200000 | | | | | | 200000 |
| 資 本 準 備 金 | | 21000 | | | | | | 21000 |
| 利 益 準 備 金 | | 15000 | | | | | | 15000 |
| 繰越利益剰余金 | | 2000 | | | | | | 2000 |
| 完 成 工 事 高 | | 282300 | | 275000 | | ❸557300 | | |
| 雑 収 入 | | 1243 | | | | 1243 | | |
| 有 価 証 券 利 息 | | 540 | | 180 | | ❸720 | | |
| 完 成 工 事 原 価 | 223600 | | 240000 | | 463600 | | | |
| 販売費及び一般管理費 | 17358 | | 560 | | 17918 | | | |
| その他の諸費用 | 2635 | | | | 2635 | | | |
| | 684306 | 684306 | | | | | | |
| 機械装置減損損失 | | | 2486 | | 2486 | | | |
| 為 替 差 損 益 | | | | 150 | | ❸150 | | |
| 貸倒引当金繰入額 | | | 5891 | | ❸5891 | | | |
| その他有価証券評価差額金 | | | | 63 | | | | ❸63 |
| 繰 延 税 金 資 産 | | | 390 | | | | 390 | |
| 繰 延 税 金 負 債 | | | | 27 | | | | 27 |
| 未 払 法 人 税 等 | | | | 10154 | | | | 10154 |
| 法人税,住民税及び事業税 | | | 20454 | | ❸20454 | | | |
| 法人税等調整額 | | | | 390 | | ❸390 | | |
| | | | 551859 | 551859 | 512984 | 559803 | 445395 | 398576 |
| 当 期 （ 純 利 益 ） | | | | | ❸46819 | | | 46819 |
| | | | | | 559803 | 559803 | 445395 | 445395 |

●数字…予想配点

# 第30回 解答への道

## ■ 第1問 ● 論述問題（退職給付会計）

### 問1　退職給付債務

退職給付債務とは、企業が従業員の退職以後に支給する退職給付に係る負担額であり、退職時の退職給付見込額のうち認識時点までに発生していると認められる額の現在価値により測定される。

当期までに負担すべき金額は、以下の2つの方法により計算される。

(1) 期間定額基準

期間定額基準とは、退職給付見込額について全勤務期間で除した額を各期の発生額とする方法である。

(2) 給付算定式基準

給付算定式基準とは、退職給付制度の給付算定式に従って各勤務期間に帰属させた給付に基づき見積った額を、退職給付見込額の各期の発生額とする方法である。

### 問2　個別財務諸表と連結財務諸表との間で異なる処理

個別財務諸表と連結財務諸表の取扱いが異なるものは、次の2つである。

(1) 科目名

| | | 個別貸借対照表 | 連結貸借対照表 |
|---|---|---|---|
| 積立状況を示す額 | 負　債 | 退職給付引当金 | 退職給付に係る負債 |
| | 資　産 | 前払年金費用 | 退職給付に係る資産 |

(2) 数理計算上の差異および過去勤務費用の処理方法

| | 個別貸借対照表 | 連結貸借対照表 |
|---|---|---|
| 数理計算上の差異 | 遅延認識 | 即時認識 |
| および 過去勤務費用 | 費用処理した部分のみ退職給付引当金に反映される | 未認識部分も退職給付に係る負債に反映される |

連結財務諸表上、未認識数理計算上の差異および未認識過去勤務費用は税効果会計を適用した上で、その他の包括利益（退職給付に係る調整額）をとおして純資産の部のその他の包括利益累計額（退職給付に係る調整累計額）に計上する。

## ■ 第2問 ● 空欄記入問題（費用、費用配分の原則）

1．費用と損失

財・用役の減少部分のうち、収益の獲得活動と関係をもつ部分を「費用」といい、それ以外の部分を「損失」という。

2．費用配分の原則

費用配分の原則とは、資産の取得原価をその利用期間および消費期間において、費用として計画的、規則的に配分することを要請する規範理念であり、棚卸資産、有形固定資産、無形固定資産、繰延資産等の費用性資産についてのみ適用される。

## 第3問 ● 正誤問題

認められないもの「B」について解説する。

2. 真実性の原則が要請する真実は、唯一絶対的なものではなく、相対的な真実であるから、会計ルールの選択の仕方や会計担当者の判断の仕方によって表現する数値が異なることは認められる。

3. 付随費用として当該機械の取得原価に含めることが認められるのは、自家建設に対する借入の支払利息であって、購入に対する借入の支払利息は、取得原価に算入することは認められない。

7. 自己株式を割り当てることによって増資をした際に発生した自己株式の帳簿価額と払込金額との差額については、その他資本剰余金として処理する。

## 第4問 ● リース会計（以下、単位：円）

問1～問3は所有権移転外ファイナンス・リースに関する仕訳問題であり、問4は所有権移転ファイナンス・リースに関する仕訳問題である。

### 問1　リース取引開始日（20×1年4月1日）の仕訳

| （リ ー ス 資 産）（＊） | 34,200,000 | （リ ー ス 債 務） | 34,200,000 |
|---|---|---|---|

（＊）36,000,000〈リース料総額〉－1,800,000〈利息相当額〉＝34,200,000〈取得原価相当額〉

### 問2　リース料支払い時（20×2年3月31日）の仕訳

| （支 払 利 息）（＊2） | 150,000 | （現　　　　　　金）（＊1） | 3,000,000 |
|---|---|---|---|
| （リ ー ス 債 務）（＊3） | 2,850,000 | | |

（＊1）36,000,000〈リース料総額〉÷12年〈リース期間〉＝3,000,000〈リース料年額〉

（＊2）1,800,000〈利息相当額〉÷12年〈リース期間〉＝150,000〈支払利息〉

（＊3）3,000,000〈リース料年額〉－150,000〈支払利息〉＝2,850,000〈リース債務の返済額〉

### 問3　決算時（20×2年3月31日）の仕訳（減価償却費の計上）

減価償却方法をリース期間定額法とした場合

| （減 価 償 却 費）（＊） | 2,850,000 | （減 価 償 却 累 計 額） | 2,850,000 |
|---|---|---|---|

（＊）34,200,000〈取得原価相当額〉÷12年〈リース期間〉＝2,850,000〈減価償却費〉

【別解】減価償却方法を200％定率法とした場合

| （減 価 償 却 費）（＊） | 5,711,400 | （減 価 償 却 累 計 額） | 5,711,400 |
|---|---|---|---|

（＊）1÷12年〈リース期間〉×200％≒0.167〈定率法償却率〉

　　　34,200,000〈取得原価相当額〉×0.167＝5,711,400〈減価償却費〉

### 問4　決算時（20×2年3月31日）の仕訳（減価償却費の計上）

| （減 価 償 却 費）（＊） | 4,548,600 | （減 価 償 却 累 計 額） | 4,548,600 |
|---|---|---|---|

（＊）34,200,000〈取得原価相当額〉×0.133〈定率法償却率〉＝4,548,600〈調整前償却額〉

　　　34,200,000〈取得原価相当額〉×0.04565〈保証率〉＝1,561,230〈償却保証額〉

　　　4,548,600〈調整前償却額〉　≧　1,561,230〈償却保証額〉　∴　4,548,600〈減価償却費〉

## 第5問 ● 精算表（以下、単位：千円）

### (1) 機械装置

① 減価償却

| （未成工事支出金）（＊） | 4,600 | （機械装置減価償却累計額） | 4,600 |
|---|---|---|---|

（＊）46,000〈取得原価〉÷10年＝4,600

② 減損損失

| （機械装置減損損失）（＊） | 2,486 | （機　械　装　置） | 2,486 |
|---|---|---|---|

（＊）46,000〈取得原価〉－32,200〈減価償却累計額〉＝13,800〈帳簿価額〉

13,800〈帳簿価額〉 ＞ 12,000〈割引前のキャッシュ・フローの総額〉 ∴ 減損損失を認識する

13,800〈帳簿価額〉－11,314〈割引後のキャッシュ・フローの総額＝回収可能価額〉＝2,486

### (2) 為替差損益（貸付金）

| （貸　　　付　　　金）（＊） | 150 | （為　替　差　損　益） | 150 |
|---|---|---|---|

（＊）1,500÷@100円〈HR〉＝15千ドル

15千ドル×@110円〈CR〉＝1,650

1,650－1,500＝150〈為替差益〉

### (3) その他有価証券の期末評価

① 償却原価法（定額法）

| （投　資　有　価　証　券）（＊） | 180 | （有　価　証　券　利　息） | 180 |
|---|---|---|---|

（＊）18,000〈額面総額〉× $\dfrac{@98円}{@100円}$ ＝17,640〈取得原価＝T/B投資有価証券〉

　　　（18,000－17,640）÷2年＝180

② 時価評価

| （投　資　有　価　証　券）（＊1） | 90 | （繰　延　税　金　負　債）（＊2） | 27 |
|---|---|---|---|
| | | （その他有価証券評価差額金）（＊3） | 63 |

（＊1）17,910〈期末時価〉－（17,640＋180）＝90〈評価益〉

（＊2）90×30％〈実効税率〉＝27

（＊3）90－27＝63

### (4) 退職給付引当金の計上（予定計上額の修正と販売費及び一般管理費の計上）

| （未成工事支出金）（＊1） | 140 | （退職給付引当金）（＊2） | 700 |
|---|---|---|---|
| （販売費及び一般管理費） | 560 | | |

（＊1）260×12ヵ月＝3,120〈予定計上額〉

　　　3,260〈実際計上額〉－3,120＝140〈加算修正〉

（＊2）140＋560＝700

解答への道

(5) **未成工事支出金の完成工事原価への振り替えと完成工事高の計上**

| （完成工事原価）(注) | 240,000 | （未成工事支出金） | 240,000 |
|---|---|---|---|
| （未成工事受入金）(＊2) | 25,000 | （完成工事高）(＊1) | 275,000 |
| （完成工事未収入金）(＊3) | 250,000 | | |

（＊1）$\dfrac{125,000+135,000}{600,000}=\dfrac{260,000}{600,000}$〈第2期までの工事進捗度〉

　　　750,000〈当初契約時の請負工事代金〉×$\dfrac{260,000}{600,000}$＝325,000〈第2期までの完成工事高〉

　　　$\dfrac{125,000+135,000+240,000}{650,000}=\dfrac{500,000}{650,000}$〈第3期までの工事進捗度〉

　　　780,000〈変更後の請負工事代金〉×$\dfrac{500,000}{650,000}$－325,000＝275,000〈第3期の完成工事高〉

（＊2）200,000＋150,000－325,000＝25,000〈T/B未成工事受入金〉

（＊3）275,000－25,000＝250,000

(注) この段階では、後述する完成工事補償引当金の計上が未処理であるため計算することができないが、計算済みの金額240,000千円が資料に与えられているので先に振替仕訳を示しておく。

(6) **貸倒引当金（差額補充法）と税効果会計**

| （貸倒引当金繰入額）(＊1) | 5,891 | （貸倒引当金） | 5,891 |
|---|---|---|---|
| （繰延税金資産）(＊2) | 390 | （法人税等調整額） | 390 |

（＊1）52,800〈T/B完成工事未収入金〉＋250,000〈(5)の完成工事未収入金〉＝302,800〈B/S完成工事未収入金〉

　　　(18,000〈T/B受取手形〉＋302,800〈完成工事未収入金〉)×2％＝6,416〈設定額〉

　　　6,416－525〈T/B貸倒引当金〉＝5,891〈繰入額〉

（＊2）1,300〈損金不算入額〉×30％〈実効税率〉＝390〈繰延税金資産〉

(7) **完成工事補償引当金（差額補充法）**

| （未成工事支出金）(＊) | 1,918 | （完成工事補償引当金） | 1,918 |
|---|---|---|---|

（＊）(282,300〈T/B完成工事高〉＋275,000〈(5)の完成工事高〉)×0.5％≒2,786〈設定額〉

　　　2,786－868〈T/B完成工事補償引当金〉＝1,918〈繰入額〉

(注) この段階で(5)の完成工事原価240,000千円を計算することができる。

未成工事支出金

| T/B | 233,342 | |
|---|---|---|
| (1) | 4,600 | |
| (4) | 140 | 240,000 |
| (7) | 1,918 | |

第30回

### ⑧ 法人税、住民税及び事業税の計上と当期純利益の計算

| （法人税、住民税及び事業税）（＊1）20,454 | （仮 払 法 人 税 等） | 10,300 |
|---|---|---|
| | （未 払 法 人 税 等）（＊2） | 10,154 |

（＊1）559,413〈収益合計〉－492,530〈費用合計〉＝66,883〈税引前当期純利益〉

66,883〈税引前当期純利益〉＋1,300〈損金不算入額〉＝68,183〈課税所得〉

68,183×30％〈実効税率〉≒20,454〈法人税、住民税及び事業税〉

（＊2）20,454－10,300＝10,154

　なお、資料⑼に「税効果を考慮した上で、当期純損益を計上する。」とあることから、税引前当期純利益に対して、税効果後の『法人税、住民税及び事業税』が30％となるように計算することもできる。

| 税 引 前 当 期 純 利 益 | | 66,883 |
|---|---|---|
| 法人税、住民税及び事業税 | 20,454 | |
| 法 人 税 等 調 整 額 | △390 | 20,064 ←66,883×30％ |
| 当 期 純 利 益 | | 46,819 |

66,883〈税引前当期純利益〉×30％〈実効税率〉≒20,064〈税効果後の法人税、住民税及び事業税〉

20,064＋390〈法人税等調整額〉＝20,454〈税効果前の法人税、住民税及び事業税〉

# 第31回 解 答

**第1問** 20点 解答にあたっては、各問とも指定した字数以内（句読点を含む）で記入すること。

問1

広義の立場における費用概念は、資本の払戻・修正以外の原因による一切の所有者持分の減少額をもって費用とみる考え方である。❷財・用役の生産に関連して発生する費用はもちろん、災害・盗難など生産活動と関係のない原因による減少額も含まれる。❷これに対して、狭義の立場における費用概念は、これを財・用役の生産に関連した減少分に限定しようとする考え方である。❷災害・盗難などによる減少分は費用に含まれず、損失とよばれる。❷

問2

広義と狭義の二つの費用概念のうち、期間利益、とくに経営成績を判断するための期間利益の計算にとって重視されるのは、狭義の費用、つまり財・用役の生産にかかわる減少分である。❹期間利益は期間収益からそれに対応する費用を差し引いて計算される。❷この場合、対応するか否かの判定にあたって、財・用役の費消が当期や次期以降に計上される収益の稼得に対し直接・間接の役だちを有しているか否かに着目する。❷したがって、この対応計算を合理的に行うためには、対応計算に先だって、財・用役の減少部分を収益の稼得活動と関係を持つ部分である費用と、それ以外の部分である損失とに明確に区別しておくことが望ましく、かつ、必要である。❹

**第2問** 14点

記号（ア〜チ）

| 1 | 2 | 3 | 4 | 5 | 6 | 7 |
|---|---|---|---|---|---|---|
| オ | サ | ウ | セ | キ | コ | チ |

各❷

**第3問** 16点

記号（AまたはB）

| 1 | 2 | 3 | 4 | 5 | 6 | 7 | 8 |
|---|---|---|---|---|---|---|---|
| B | A | A | B | B | B | A | B |

各❷

**第4問** 14点

記号（ア〜コ）も必ず記入のこと

| | | 借 方 | | | 貸 方 | | | |
|---|---|---|---|---|---|---|---|---|
| | | 記号 | 勘定科目 | 金額 | 記号 | 勘定科目 | 金額 | |
| 問1 | 社債に係る仕訳 | カ / ク | 繰延税金資産 / その他有価証券評価差額金 | 12,600 / 29,400 | オ | その他有価証券 | 42,000 | ❹ |
| | 先渡契約に係る仕訳 | ア | 先渡契約 | 42,000 | キ / ウ | 繰延税金負債 / 繰延ヘッジ損益 | 12,600 / 29,400 | ❹ |
| 問2 | 社債に係る仕訳 | コ / カ | 有価証券評価損益 / 繰延税金資産 | 42,000 / 12,600 | オ / エ | その他有価証券 / 法人税等調整額 | 42,000 / 12,600 | ❸ |
| | 先渡契約に係る仕訳 | ア / エ | 先渡契約 / 法人税等調整額 | 42,000 / 12,600 | イ / キ | 先渡契約損益 / 繰延税金負債 | 42,000 / 12,600 | ❸ |

112

# 第5問 36点

解答

精 算 表 （単位：千円）

| 勘定科目 | 残高試算表 借方 | 残高試算表 貸方 | 整理記入 借方 | 整理記入 貸方 | 損益計算書 借方 | 損益計算書 貸方 | 貸借対照表 借方 | 貸借対照表 貸方 |
|---|---|---|---|---|---|---|---|---|
| 現 金 預 金 | 7689 | | | | | | 7689 | |
| 受 取 手 形 | 49000 | | | | | | 49000 | |
| 貸 倒 引 当 金 | | 300 | | 5280 | | | | 5580 |
| 貸 付 金 | 1300 | | | 20 | | | 1320 | |
| 未成工事支出金 | 208219 | | 2100 230 951 | 211500 | | | | |
| 機 械 装 置 | 30000 | | | 1059 | | | ❸28941 | |
| 機械装置減価償却累計額 | | 18000 | | 3000 | | | | 21000 |
| 土 地 | 15000 | | | | | | 15000 | |
| 仮 払 法 人 税 等 | 8000 | | | 8000 | | | | |
| その他の諸資産 | 32777 | | | | | | 32777 | |
| 工 事 未 払 金 | | 12300 | | | | | | 12300 |
| 未成工事受入金 | | 39200 | 39200 | | | | | |
| 完成工事補償引当金 | | 1025 | | 951 | | | | ❸1976 |
| 社 債 | | 9910 | | 10 40 | | | | ❸9960 |
| 退職給付引当金 | | 12500 | | 730 | | | | ❸13230 |
| その他の諸負債 | | 83520 | | | | | | 83520 |
| 資 本 金 | | 120000 | | | | | | 120000 |
| 資 本 準 備 金 | | 13000 | | | | | | 13000 |
| 利 益 準 備 金 | | 12000 | | | | | | 12000 |
| 減 債 積 立 金 | | 10000 | 10000 | | | | | |
| 繰越利益剰余金 | | 5600 | | 10000 | | | | 15600 |
| 完 成 工 事 高 | | 126000 | | 269200 | | ❸395200 | | |
| 雑 収 入 | | 3180 | | | | 3180 | | |
| 完 成 工 事 原 価 | 94500 | | 900 211500 | | ❸306900 | | | |
| 販売費及び一般管理費 | 18100 | | 500 | | 18600 | | | |
| 社 債 利 息 | 200 | | 40 | | 240 | | | |
| その他の諸費用 | 1750 | | | | 1750 | | | |
| | 466535 | 466535 | | | | | | |
| 減 損 損 失 | | | 1059 | | 1059 | | | |
| 貸倒引当金繰入額 | | | 5280 | | ❸5280 | | | |
| 繰 延 税 金 資 産 | | | 450 | | | | 450 | |
| 為 替 差 損 益 | | | | 20 | | ❸20 | | |
| 社債（償還損） | | | 10 | | ❸10 | | | |
| 完成工事未収入金 | | | 230000 | | | | 230000 | |
| 未 払 法 人 税 等 | | | | 11818 | | | | 11818 |
| 法人税,住民税及び事業税 | | | 19818 | | ❸19818 | | | |
| 法 人 税 等 調 整 額 | | | | 450 | | ❸450 | | |
| | | | 522058 | 522058 | 353657 | 398850 | 365177 | 319984 |
| 当 期（純 利 益） | | | | | ❸45193 | | | 45193 |
| | | | | | 398850 | 398850 | 365177 | 365177 |

●数字…予想配点

113

## 第1問 ● 論述問題（費用概念）

### 問1　費用の概念（費用と損失の区別）

(1) 広義の費用概念

　　資本の払戻・修正以外の原因による所有者持分（純資産）の減少額をもって費用とみる考え方である。財・用役の生産に関連して発生する費用はもちろん、災害・盗難など生産活動と関係のない原因による減少額も含まれる。

(2) 狭義の費用概念

　　資本の払戻・修正以外の原因による所有者持分（純資産）の減少額のうち、財・用役の生産に関連した減少分のみを費用とみる考え方である。狭義説のもとでは、災害・盗難など生産活動と関係のない原因による減少分は費用に含まれず、損失とよばれる。

### 問2　期間損益計算において重視される費用概念

　　期間損益計算において重視される費用概念は、狭義の費用、つまり財・用役の生産に関連した減少分である。期間利益は期間収益からそれに対応する費用を差し引いて計算する。したがって、この対応計算を合理的に行うためには、財・用役の減少部分を収益の獲得活動と関係をもつ部分（費用）とそれ以外の部分（損失）とに明確に区別することが重要である。

〈損益計算書の示す段階利益に関連付けた費用の分類〉

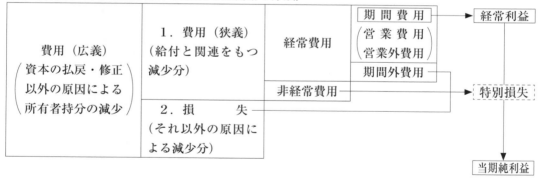

## 第2問 ● 空欄記入問題（資産概念）

会計上の資産の概念は、会計の目的により様々に規定されているが、以下のようなものがある。

### 1．換金可能価値説

換金可能価値説とは、会計上の資産は、現金に換えられる能力を持つ財貨・用役とする考え方である。なお、この説では繰延資産項目を資産として扱うことは出来ない。

### 2．前払費用説

前払費用説は、会計の目的は期間損益計算にあるとの考えに立脚している。期間損益計算を重視する立場からは、期間の収益と費用の把握が重要となり、会計上の資産は、それが利用されて費用に転化するとき、その費用を正しく把握するという立場で資産を考えることになる。このように考えると会計上の資産は、次期以降に費用となる金額を前払いしたものとなる。なお、この説では繰延資産項目を資産として扱うことができるが、費用の前払いではない貸付金等の金融資産の資産性が問題となる。

### 3．経済的便益説

経済的便益説も、会計の目的は期間損益計算にあるとの考えに立脚している。この説によると、会計上の資産は、企業にサービスないし経済的便益を提供する能力を潜在的に有するものとなる。貸付金等の金融資産が企業に対して有用なサービスを提供しうることは明白であり、繰延資産項目も、将来に対して効果発現の期待を持たせるという意味で、この説では資産性を有することになる。

## 第3問 ● 正誤問題

認められないもの「B」について解説する。

1．自己株式の取得に要した付随費用は、損益計算書の営業外費用に計上する。

4．退職給付引当金について発生する利息費用は、損益計算書において販売費及び一般管理費（もしくは工事原価）に計上する。また、資産除去債務について発生する利息費用は、関連する有形固定資産の減価償却費と同じ区分に表示する。

5．当期に行った新株の発行による収入、自己株式の取得による支出、配当金の支払いによる支出は、キャッシュ・フロー計算書の財務活動によるキャッシュ・フローの区分に計上する。

6．株式会社が、その設立時に株式を発行するさいの証券会社の事務手数料等の発行に要した諸経費は、創立費として処理する。

8．積立金のうち、その目的取崩が純資産の額の減少を前提としないものを積極性積立金といい、前提とするものを消極性積立金という。

● その他有価証券のヘッジ会計（以下、単位：円）

ヘッジ会計とは、ヘッジ取引のうち一定の要件を満たすものについて、ヘッジ対象に係る損益とヘッジ手段に係る損益を同一の会計期間に認識し、ヘッジの効果を会計に反映させるための特殊な会計処理をいい、繰延ヘッジ会計と時価ヘッジ会計がある。

### 問1　繰延ヘッジ

繰延ヘッジ会計とは、時価評価されているヘッジ手段に係る損益または評価差額を、ヘッジ対象に係る損益が認識されるまで、純資産の部において繰延べる方法である。

（1）　その他有価証券（ヘッジ対象）

| （繰 延 税 金 資 産）（＊2） 12,600 | （そ の 他 有 価 証 券）（＊1） 42,000 |
|---|---|
| （その他有価証券評価差額金）（＊3） 29,400 | |

（＊1）2,958,000〈時価〉－3,000,000〈帳簿価額〉＝△42,000〈評価差損〉

（＊2）42,000×30％＝12,600

（＊3）42,000－12,600＝29,400

（2）　先渡契約（ヘッジ手段）

| （先 渡 契 約）（＊1） 42,000 | （繰 延 税 金 負 債）（＊2） 12,600 |
|---|---|
| | （繰 延 ヘ ッ ジ 損 益）（＊3） 29,400 |

（＊1）先渡契約の時価

（＊2）42,000×30％＝12,600

（＊3）42,000－12,600＝29,400

### 問2　時価ヘッジ

時価ヘッジ会計とは、ヘッジ対象である資産または負債に係る相場変動等を損益に反映させることにより、その損益とヘッジ手段に係る損益とを同一の会計期間に認識する方法である。

（1）　その他有価証券（ヘッジ対象）

| （有 価 証 券 評 価 損 益）（＊1） 42,000 | （そ の 他 有 価 証 券） 42,000 |
|---|---|
| （繰 延 税 金 資 産）（＊2） 12,600 | （法 人 税 等 調 整 額） 12,600 |

（＊1）2,958,000〈時価〉－3,000,000〈帳簿価額〉＝△42,000〈評価差損〉

（＊2）42,000×30％＝12,600

（2）　先渡契約（ヘッジ手段）

| （先 渡 契 約）（＊1） 42,000 | （先 渡 契 約 損 益） 42,000 |
|---|---|
| （法 人 税 等 調 整 額）（＊2） 12,600 | （繰 延 税 金 負 債） 12,600 |

（＊1）先渡契約の時価

（＊2）42,000×30％＝12,600

解答への道

**第5問 ● 精算表（以下、単位：千円）**

**(1) 機械装置**

① 減価償却

| （未成工事支出金）（＊2） | 2,100 | （機械装置減価償却累計額）（＊1） | 3,000 |
| （完成工事原価）（＊3） | 900 | | |

（＊1）30,000÷10年＝3,000

（＊2）3,000×70％＝2,100

（＊3）3,000×30％＝900

② 減損損失

| （減損損失）（＊） | 1,059 | （機械装置） | 1,059 |

（＊）30,000－（18,000〈機械装置減価償却累計額〉＋3,000）＝9,000〈当期末における帳簿価額〉

9,000　＞　8,100〈割引前のキャッシュ・フローの総額〉　∴　減損損失を認識する。

9,000－7,941〈割引後のキャッシュ・フローの総額＝回収可能価額〉＝1,059

**(2) 貸付金（外貨建）**

| （貸付金）（＊） | 20 | （為替差損益） | 20 |

（＊）920÷@115円〈HR〉＝8千ドル

8千ドル×@117.5円〈CR〉＝940

940－920＝20〈為替差益〉

**(3) 社債**

① 買入償還分（修正仕訳）

| （社債償還損）（＊） | 10 | （社債） | 10 |

（＊）10,000〈額面〉×$\dfrac{@98円}{@100円}$＝9,800〈払込金額〉

10,000－9,800＝200〈金利調整差額〉

200÷5年＝40〈毎期の償却額〉

9,800＋40×3年＝9,920〈当期首の償却原価〉

9,920－9,930＝△10〈償還損〉

② 未償還分 ～ 償却原価法（定額法）

| （社債利息）（＊） | 40 | （社債） | 40 |

（＊）（20,000－10,000）×$\dfrac{@98円}{@100円}$＝9,800〈払込金額〉

（20,000－10,000）－9,800＝200〈金利調整差額〉

200÷5年＝40〈毎期の償却額〉

③ 減債積立金の取り崩し

| （減債積立金） | 10,000 | （繰越利益剰余金） | 10,000 |

第31回

**(4) 退職給付引当金の計上（予定計上額の修正と販売費及び一般管理費の計上）**

| （未成工事支出金）（＊1） | 230 | （退職給付引当金）（＊2） | 730 |
| （販売費及び一般管理費） | 500 | | |

（＊1） $160 \times 12$ヵ月 $= 1,920$〈予定計上額〉

   $2,150$〈実際計上額〉$- 1,920 = 230$〈加算修正〉

（＊2） $230 + 500 = 730$

**(5) 未成工事支出金の完成工事原価への振り替えと完成工事高の計上**

| （完成工事原価）(注) | 211,500 | （未成工事支出金） | 211,500 |
| （未成工事受入金）（＊2） | 39,200 | （完成工事高）（＊1） | 269,200 |
| （完成工事未収入金）（＊3） | 230,000 | | |

（＊1） $\dfrac{147,000 + 189,000}{700,000} = 0.48$〈第2期までの工事進捗度〉

   $960,000$〈当初契約時の請負工事代金〉$\times 0.48 = 460,800$〈第2期までの完成工事高〉

   $\dfrac{147,000 + 189,000 + 211,500}{750,000} = 0.73$〈第3期までの工事進捗度〉

   $1,000,000$〈変更後の請負工事代金〉$\times 0.73 - 460,800 = 269,200$〈第3期の完成工事高〉

（＊2） $300,000 + 200,000 - 460,800 = 39,200$〈T／B未成工事受入金〉

（＊3） $269,200 - 39,200 = 230,000$

（注）この段階では、後述する完成工事補償引当金の計上が未処理であるため計算することが
   できないが、計算済みの金額211,500千円が資料に与えられているので先に振替仕訳を示し
   ておく。

**(6) 貸倒引当金（差額補充法）と税効果会計**

| （貸倒引当金繰入額）（＊1） | 5,280 | （貸倒引当金） | 5,280 |
| （繰延税金資産）（＊2） | 450 | （法人税等調整額） | 450 |

（＊1） $(49,000$〈T／B受取手形〉$+ 230,000$〈(5)の完成工事未収入金〉$) \times 2\% = 5,580$〈設定額〉

   $5,580 - 300$〈T／B貸倒引当金〉$= 5,280$〈繰入額〉

（＊2） $1,500$〈損金不算入額〉$\times 30\%$〈実効税率〉$= 450$〈繰延税金資産〉

**(7) 完成工事補償引当金（差額補充法）**

| （未成工事支出金）（＊） | 951 | （完成工事補償引当金） | 951 |

（＊） $(126,000$〈T／B完成工事高〉$+ 269,200$〈(5)の完成工事高〉$) \times 0.5\% = 1,976$〈設定額〉

   $1,976 - 1,025$〈T／B完成工事補償引当金〉$= 951$〈繰入額〉

（注）この段階で(5)の完成工事原価211,500千円を計算することができる。

未成工事支出金

| T／B | 208,219 | |
| (1) | 2,100 | 211,500 |
| (4) | 230 | |
| (7) | 951 | |

(8)　法人税、住民税及び事業税の計上と当期純利益の計算

| （法人税、住民税及び事業税）（＊1）　19,818 | （仮　払　法　人　税　等）　　　　　8,000 |
|---|---|
| | （未　払　法　人　税　等）（＊2）　11,818 |

（＊1）　398,400〈収益合計〉－333,839〈費用合計〉＝64,561〈税引前当期純利益〉

　　　　　64,561〈税引前当期純利益〉＋1,500〈損金不算入額〉＝66,061〈課税所得〉

　　　　　66,061×30％〈実効税率〉≒19,818〈法人税、住民税及び事業税〉

（＊2）　19,818－8,000＝11,818

　なお、資料(9)に「税効果を考慮した上で、当期純損益を計上する。」とあることから、税引前当期純利益に対して、税効果後の『法人税、住民税及び事業税』が30％となるように計算することもできる。

| 税引前当期純利益 | | 64,561 | |
|---|---|---|---|
| 法人税、住民税及び事業税 | 19,818 | | |
| 法人税等調整額 | △450 | 19,368 | ←64,561×30％ |
| 当期純利益 | | 45,193 | |

64,561〈税引前当期純利益〉×30％〈実効税率〉≒19,368〈税効果後の法人税、住民税及び事業税〉

19,368＋450〈法人税等調整額〉＝19,818〈税効果前の法人税、住民税及び事業税〉

**第1問** 20点 解答にあたっては、各問とも指定した字数以内（句読点を含む）で記入すること。

問1

工事進行基準とは、会計期末に工事進行の程度（工事進捗度）を見積り、工事進捗度に応じて当期の工事収益を認識する方法である。❷工事の進行途上においてその進捗部分について成果の確実性が認められる場合には、工事進行基準を適用する。❷そして成果の確実性が認められるためには、①工事収益総額、②工事原価総額および③決算日における工事進捗度、の各要素について信頼性をもって見積ることができなければならない。❹

問2

工事進行基準による工事収益額の測定方法は、請負代金の決定方法によって異なる。総額請負契約は、工事代金の総額を確定して契約する方法であり、❷この契約による場合、工事収益額は工事収益総額（工事契約代金）に各期の工事進捗度を乗じて計算される。❷原価補償契約は、実際の工事原価の総額に一定の利益を上乗せした額をもって請負代金とする方法であり、❷この契約による場合、工事収益額は各期の実際工事原価に一定の利益を加算して計算される。❷単価精算契約とは、単価を決定しておいて、その数量に応じて代金を精算するという契約の方法であり、❷この契約による場合、工事収益額は各期の完成作業単位量に単位請負収益額を乗じて計算される。❷

## 第2問 14点

記号（ア～ネ）

| 1 | 2 | 3 | 4 | 5 | 6 | 7 |
|---|---|---|---|---|---|---|
| キ | イ | ネ | ス | チ | ソ | カ |

各❷

## 第3問 16点

記号（AまたはB）

| 1 | 2 | 3 | 4 | 5 | 6 | 7 | 8 |
|---|---|---|---|---|---|---|---|
| A | B | B | A | B | A | A | B |

各❷

## 第4問 14点

記号（ア～チ）も必ず記入のこと

<table>
<tr><th colspan="2"></th><th colspan="3">借　方</th><th colspan="3">貸　方</th></tr>
<tr><td colspan="2"></td><td>記号</td><td>勘定科目</td><td>金額</td><td>記号</td><td>勘定科目</td><td>金額</td></tr>
<tr><td rowspan="2">問1</td><td>J V</td><td>イ</td><td>当座預金</td><td>20000000</td><td>ク</td><td>未成工事受入金</td><td>20000000 ❷</td></tr>
<tr><td>A社</td><td>ス</td><td>J V 出資金</td><td>14000000</td><td>ク</td><td>未成工事受入金</td><td>14000000 ❶</td></tr>
<tr><td rowspan="2">問2</td><td>J V</td><td>サ</td><td>未成工事支出金</td><td>56000000</td><td>タ</td><td>工事未払金</td><td>56000000 ❶</td></tr>
<tr><td>B社</td><td>サ</td><td>未成工事支出金</td><td>16800000</td><td>タ</td><td>工事未払金</td><td>16800000 ❶</td></tr>
<tr><td rowspan="2">問3</td><td rowspan="2">J V</td><td>イ</td><td>当座預金</td><td>36000000</td><td>セ</td><td>A社出資金</td><td>25200000 ❷</td></tr>
<tr><td></td><td></td><td></td><td>ソ</td><td>B社出資金</td><td>10800000</td></tr>
<tr><td></td><td>B社</td><td>ス</td><td>J V 出資金</td><td>10800000</td><td>ア</td><td>現金</td><td>10800000 ❶</td></tr>
<tr><td rowspan="2">問4</td><td>J V</td><td>タ</td><td>工事未払金</td><td>56000000</td><td>イ</td><td>当座預金</td><td>56000000 ❷</td></tr>
<tr><td>A社</td><td>タ</td><td>工事未払金</td><td>39200000</td><td>ス</td><td>J V 出資金</td><td>39200000 ❶</td></tr>
<tr><td rowspan="5">問5</td><td rowspan="3">J V</td><td>オ</td><td>完成工事高</td><td>70000000</td><td>エ</td><td>完成工事原価</td><td>56000000</td></tr>
<tr><td>セ</td><td>A社出資金</td><td>25200000</td><td>チ</td><td>未払分配金</td><td>50000000 ❷</td></tr>
<tr><td>ソ</td><td>B社出資金</td><td>10800000</td><td></td><td></td><td></td></tr>
<tr><td rowspan="2">A社</td><td>エ</td><td>完成工事原価</td><td>39200000</td><td>サ</td><td>未成工事支出金</td><td>39200000</td></tr>
<tr><td>ク</td><td>未成工事受入金</td><td>14000000</td><td>オ</td><td>完成工事高</td><td>49000000 ❶</td></tr>
<tr><td></td><td></td><td>カ</td><td>完成工事未収入金</td><td>35000000</td><td></td><td></td><td></td></tr>
</table>

精　算　表　　　　　　　　　　（単位：千円）

| 勘定科目 | 残高試算表 借方 | 残高試算表 貸方 | 整理記入 借方 | 整理記入 貸方 | 損益計算書 借方 | 損益計算書 貸方 | 貸借対照表 借方 | 貸借対照表 貸方 |
|---|---|---|---|---|---|---|---|---|
| 現　金　預　金 | 6923 | | | | | | 6923 | |
| 受　取　手　形 | 28000 | | | | | | 28000 | |
| 完成工事未収入金 | 58200 | | 157000 | | | | 215200 | |
| 貸　倒　引　当　金 | | 1032 | | 3832 | | | | 4864 |
| 未成工事支出金 | 195068 | | 6000 1712 | 180 202600 | | | | |
| 仮　払　法　人　税　等 | 5600 | | | 5600 | | | | |
| 仮　　払　　金 | 1050 | | | 1050 | | | | |
| 機　械　装　置 | 80863 | | | 20863 12000 | | | 48000 | |
| 機械装置減価償却累計額 | | 51092 | 18863 8400 | 3771 6000 | | | | ❸33600 |
| 資　産　除　去　債　務 | | 971 | 1000 | 29 | | | | |
| 土　　　　地 | 20000 | | | | | | 20000 | |
| 投　資　有　価　証　券 | 19600 | | 200 150 | | | | 19950 | |
| その他の諸資産 | 33563 | | | | | | 33563 | |
| 仮　　受　　金 | | 2120 | 2120 | | | | | |
| 工　事　未　払　金 | | 41688 | | | | | | 41688 |
| 未成工事受入金 | | 65000 | 65000 | | | | | |
| 完成工事補償引当金 | | 823 | | 1712 | | | | ❸2535 |
| 退職給付引当金 | | 106124 | 180 | 530 | | | | ❸106474 |
| その他の諸負債 | | 38865 | | | | | | 38865 |
| 資　　本　　金 | | 100000 | | | | | | 100000 |
| 資　本　準　備　金 | | 15000 | | | | | | 15000 |
| 利　益　準　備　金 | | 3000 | | | | | | 3000 |
| 繰越利益剰余金 | | 2000 | | | | | | 2000 |
| 完　成　工　事　高 | | 285000 | | 222000 | | ❸507000 | | |
| 完　成　工　事　原　価 | 228240 | | 3771 202600 | | 434611 | | | |
| 有　価　証　券　利　息 | | 400 | | 200 | | 600 | | |
| 雑　　収　　入 | | 1088 | | | | 1088 | | |
| 販売費及び一般管理費 | 30496 | | 530 | | 31026 | | | |
| その他の諸費用 | 6600 | | | | 6600 | | | |
| | 714203 | 714203 | | | | | | |
| 利　息　費　用 | | | 29 | | ❸29 | | | |
| 履　行　差　額 | | | 50 | | ❸50 | | | |
| 固定資産売却（益） | | | | 120 | | ❸120 | | |
| 固定資産除却損 | | | 3600 | | 3600 | | | |
| 貸倒引当金繰入額 | | | 3832 | | ❸3832 | | | |
| その他有価証券評価差額金 | | | | 105 | | | | ❸105 |
| 繰　延　税　金　資　産 | | | 390 | | | | 390 | |
| 繰　延　税　金　負　債 | | | | 45 | | | | 45 |
| 未　払　法　人　税　等 | | | | 3508 | | | | 3508 |
| 法人税,住民税及び事業税 | | | 9108 | | ❸9108 | | | |
| 法　人　税　等　調　整　額 | | | | 390 | | ❸390 | | |
| | | | 484535 | 484535 | 488856 | 509198 | 372026 | 351684 |
| 当　期　（純　利　益） | | | | | ❸20342 | | | 20342 |
| | | | | | 509198 | 509198 | 372026 | 372026 |

●数字…予想配点

122

# 第32回 解答への道

## 第1問 ● 論述問題（工事進行基準）

### 問1　工事進行基準の適用条件

　工事進行基準とは、会計期末に工事進行の程度（工事進捗度）を見積り、工事進捗度に応じて当期の工事収益を認識する方法である。

　工事進行基準は、工事の進行途上においてその進捗部分について成果の確実性が認められる場合に適用する。なお、成果の確実性が認められるためには、次の各要素について信頼性をもって見積ることができなければならない。

(1)　工事収益総額

(2)　工事原価総額

(3)　決算日における工事進捗度

### 問2　工事進行基準による工事収益額の測定方法

1．請負金額の決定

　請負金額の決定方法には、次の3つがある。

(1)　総額請負契約

　総額請負契約とは、工事代金の総額を確定して契約する方法である。

(2)　原価補償契約

　原価補償契約とは、実際の工事原価の総額に一定の利益を上乗せした額をもって請負代金とする方法である。

(3)　単価精算契約

　単価精算契約とは、単価を決定しておいて、その数量に応じて精算するという契約の方法である。

2．工事収益の計算

　工事進行基準を適用する場合、各期の工事収益の額の計算方法は、請負金額の決定方法によって次のようになる。

(1)　総額請負契約の場合

　工事収益総額（工事契約代金）×各期の工事進捗度＝各期の工事収益額

(2)　原価補償契約

　各期の実際工事原価×（1＋利益率）＝各期の工事収益額

(3)　単価精算契約

　各期の完成作業単位量×単位請負収益額＝各期の工事収益額

## 第2問 ● 空欄記入問題（負債の分類）

負債の分類をまとめると次のようになる。

| | | | | |
|---|---|---|---|---|
| 負債 | 営業取引から生じた債務 | 金銭債務 | 生産活動により発生 | 工事未払金、支払手形 |
| | | | 上記以外 | 未払金 |
| | | 非金銭債務 | 未成工事受入金 | |
| | 財務取引から生じた債務 | 借入金、社債 | | |
| | 損益計算から生じた債務 | 経過勘定項目 | 前受収益、未払費用 | |
| | | 引当金 | 条件付債務 | 賞与引当金、退職給付引当金 |
| | | | 非債務 | 修繕引当金、債務保証損失引当金 |

## 第3問 ● 正誤問題

認められないもの「B」について解説する。

2．短期売買（トレーディング）目的で購入した株式の売買にかかるキャッシュ・フローは、投資活動によるキャッシュ・フローの区分に計上する。

3．使用中の機械について、その金額が少額であったとしても、未償却残高（残存価額）を簿外資産として処理することは認められない。

5．自社利用目的のソフトウェアの購入費は、時間的および経済的負担軽減が確実であると認められる場合には、無形固定資産として処理する。

8．発生の可能性が低い場合には、引当金を計上することはできない。

## 第4問 ● 共同企業体（ＪＶ）の会計（以下、単位：円）

理解を促すために、解答要求になっていない構成会社の仕訳も示しておく。

### 問1　前受金の受け取り

ＪＶが前受金を受け取り、かつ、構成会社への分配を行わない場合には、実質的にその金額を構成会社がＪＶに出資したこととなるので、各構成会社は「ＪＶ出資金」と「未成工事受入金」を計上する。

| ＪＶ | （当座預金） | 20,000,000 | （未成工事受入金） | 20,000,000 |
|---|---|---|---|---|
| A社 | （ＪＶ出資金）（＊1) | 14,000,000 | （未成工事受入金） | 14,000,000 |
| B社 | （ＪＶ出資金）（＊2) | 6,000,000 | （未成工事受入金） | 6,000,000 |

（＊1）20,000,000〈前受金〉×70％＝14,000,000

（＊2）20,000,000〈前受金〉×30％＝6,000,000

## 問2 工事原価の発生

工事原価が発生し、ＪＶが構成会社に出資の請求をした場合には、各構成会社は「未成工事支出金」と「工事未払金」を計上する。

| ＪＶ | （未 成 工 事 支 出 金） | 56,000,000 | （工 事 未 払 金） | 56,000,000 |
|---|---|---|---|---|
| A社 | （未 成 工 事 支 出 金）（＊1） | 39,200,000 | （工 事 未 払 金） | 39,200,000 |
| B社 | （未 成 工 事 支 出 金）（＊2） | 16,800,000 | （工 事 未 払 金） | 16,800,000 |

（＊1） 56,000,000〈工事原価〉×70％＝39,200,000

（＊2） 56,000,000〈工事原価〉×30％＝16,800,000

## 問3 工事原価支払いのための出資

工事原価支払いのための資金を構成会社がＪＶに出資した場合には、各構成会社は「ＪＶ出資金」で処理し、ＪＶは「○○社出資金」で処理する。

| ＪＶ | （当 座 預 金）（＊1） | 36,000,000 | （A 社 出 資 金）（＊2） | 25,200,000 |
|---|---|---|---|---|
| | | | （B 社 出 資 金）（＊3） | 10,800,000 |
| A社 | （Ｊ Ｖ 出 資 金）（＊2） | 25,200,000 | （現 金） | 25,200,000 |
| B社 | （Ｊ Ｖ 出 資 金）（＊3） | 10,800,000 | （現 金） | 10,800,000 |

（＊1） 56,000,000〈工事原価〉－20,000,000〈前受金〉＝36,000,000〈不足額〉

（＊2） 36,000,000〈不足額〉×70％＝25,200,000

（＊3） 36,000,000〈不足額〉×30％＝10,800,000

## 問4 工事原価の支払い

ＪＶが支払いを行った時点で、各構成員も工事未払金の減少を記録する。相手勘定としては、仮勘定である「ＪＶ出資金」を用いる。

| ＪＶ | （工 事 未 払 金） | 56,000,000 | （当 座 預 金） | 56,000,000 |
|---|---|---|---|---|
| A社 | （工 事 未 払 金）（＊1） | 39,200,000 | （Ｊ Ｖ 出 資 金） | 39,200,000 |
| B社 | （工 事 未 払 金）（＊2） | 16,800,000 | （Ｊ Ｖ 出 資 金） | 16,800,000 |

（＊1） 56,000,000×70％＝39,200,000

（＊2） 56,000,000×30％＝16,800,000

## 問5　JVの決算

工事が完成し、発注者に引き渡したときにJVが計上した完成工事高、完成工事原価を各構成員の出資割合に応じて配分する。

|     |                      |            |                     |            |
|-----|----------------------|------------|---------------------|------------|
| JV | （完 成 工 事 高）     | 70,000,000 | （完 成 工 事 原 価） | 56,000,000 |
|     | （A 社 出 資 金）      | 25,200,000 | （未 払 分 配 金）（＊1） | 50,000,000 |
|     | （B 社 出 資 金）      | 10,800,000 |                     |            |
| A社 | （完 成 工 事 原 価）  | 39,200,000 | （未 成 工 事 支 出 金） | 39,200,000 |
|     | （未 成 工 事 受 入 金） | 14,000,000 | （完 成 工 事 高）     | 49,000,000 |
|     | （完成工事未収入金）（＊2） | 35,000,000 |                     |            |
| B社 | （完 成 工 事 原 価）  | 16,800,000 | （未 成 工 事 支 出 金） | 16,800,000 |
|     | （未 成 工 事 受 入 金） | 6,000,000  | （完 成 工 事 高）     | 21,000,000 |
|     | （完成工事未収入金）（＊3） | 15,000,000 |                     |            |

（＊1）貸借差額

（＊2）49,000,000 － 14,000,000 ＝ 35,000,000

（＊3）21,000,000 － 6,000,000 ＝ 15,000,000

## ● 第5問 ● 精算表（以下、単位：千円）

### 1. 機械装置（撤去義務のある機械装置1台）

(1) 決算整理前の金額

① 資料2．の機械装置（同一機種で5台）

機械装置（取得原価）：60,000

減価償却累計額：60,000 ÷ 10年 × 6年 ＝ 36,000

② 資料1．の機械装置（撤去義務のある機械装置1台）

機械装置（取得原価＋取得時の資産除去債務）：80,863〈T／B機械装置〉－ 60,000 ＝ 20,863

減価償却累計額：51,092〈T／B機械装置減価償却累計額〉－ 36,000 ＝ 15,092

(2) 減価償却

最終年度のため、減価償却費は差額で計算する。

|                     |       |                      |       |
|---------------------|-------|----------------------|-------|
| （完 成 工 事 原 価）（＊） | 3,771 | （機械装置減価償却累計額） | 3,771 |

（＊）20,863 － 2,000〈残存価額〉＝ 18,863〈要償却額〉

18,863 － 15,092〈減価償却累計額〉＝ 3,771

(3) 利息費用

最終年度のため、利息費用は差額で計算する。

|                     |    |                  |    |
|---------------------|----|------------------|----|
| （利 息 費 用）（＊）    | 29 | （資 産 除 去 債 務） | 29 |

（＊）1,000 － 971〈T／B資産除去債務〉＝ 29

(4) 機械装置の撤去と売却

① 撤去

| （資 産 除 去 債 務） | 1,000 | （仮　　払　　金） | 1,050 |
| （履 行 差 額）（＊） | 50 | | |

（＊）1,050 － 1,000 ＝ 50

② 売却

| （機械装置減価償却累計額）（＊1） | 18,863 | （機　械　装　置） | 20,863 |
| （仮　　受　　金） | 2,120 | （固定資産売却益）（＊2） | 120 |

（＊1）要償却額

（＊2）2,120 － (20,863 － 18,863) ＝ 120〈売却益〉

## 2. 機械装置（同一機種で5台）

(1) 減価償却

| （未 成 工 事 支 出 金）（＊） | 6,000 | （機械装置減価償却累計額） | 6,000 |

（＊）60,000 ÷ 10年 ＝ 6,000

(2) 水没した1台の廃棄処分

| （機械装置減価償却累計額）（＊2） | 8,400 | （機　械　装　置）（＊1） | 12,000 |
| （固 定 資 産 除 却 損）（＊3） | 3,600 | | |

（＊1）60,000 ÷ 5台 ＝ 12,000

（＊2）12,000 ÷ 10年 × 7年 ＝ 8,400

（＊3）12,000 － 8,400 ＝ 3,600

## 3. 投資有価証券（その他有価証券）

(1) 償却原価法（定額法）

| （投 資 有 価 証 券）（＊） | 200 | （有 価 証 券 利 息） | 200 |

（＊）$20,000〈額面〉 × \dfrac{@97円}{@100円} = 19,400〈取得原価〉$

　　　(20,000 － 19,400) ÷ 3年 ＝ 200〈償却額〉

(2) 時価評価（全部純資産直入法）

| （投 資 有 価 証 券）（＊1） | 150 | （繰 延 税 金 負 債）（＊2） | 45 |
| | | （その他有価証券評価差額金）（＊3） | 105 |

（＊1）19,950〈時価〉 － (19,600〈T／B投資有価証券〉 ＋ 200〈償却額〉) ＝ 150〈評価益〉

（＊2）150 × 30%〈実効税率〉 ＝ 45

（＊3）150 － 45 ＝ 105

## 4. 退職給付引当金の計上（予定計上額の修正と販売費及び一般管理費の計上）

| （退 職 給 付 引 当 金）（＊） | 180 | （未 成 工 事 支 出 金） | 180 |
| （販売費及び一般管理費） | 530 | （退 職 給 付 引 当 金） | 530 |

（＊）225 × 12ヵ月 ＝ 2,700〈予定計上額〉

　　　2,520〈実際計上額〉 － 2,700〈予定計上額〉 ＝ △180〈減算修正〉

解答への道

第32回

### 5. 未成工事支出金の完成工事原価への振り替えと完成工事高の計上

| | | | |
|---|---|---|---|
| （完成工事原価）(注) | 202,600 | （未成工事支出金） | 202,600 |
| （未成工事受入金）（＊2） | 65,000 | （完成工事高）（＊1） | 222,000 |
| （完成工事未収入金）（＊3） | 157,000 | | |

（＊1）$\dfrac{107,100＋132,300}{630,000}＝0.38$〈第2期までの工事進捗度〉

750,000〈当初契約時の請負工事代金〉×0.38＝285,000〈第2期までの完成工事高〉

$\dfrac{107,100＋132,300＋202,600}{680,000}＝0.65$〈第3期までの工事進捗度〉

780,000〈変更後の請負工事代金〉×0.65−285,000＝222,000〈第3期の完成工事高〉

（＊2）200,000＋150,000−285,000＝65,000〈T/B未成工事受入金〉

（＊3）222,000−65,000＝157,000

（注）この段階では、後述する完成工事補償引当金の計上が未処理であるため計算することができないが、計算済みの金額202,600千円が資料に与えられているので先に振替仕訳を示しておく。

### 6. 貸倒引当金（差額補充法）と税効果会計

| | | | |
|---|---|---|---|
| （貸倒引当金繰入額）（＊1） | 3,832 | （貸倒引当金） | 3,832 |
| （繰延税金資産）（＊2） | 390 | （法人税等調整額） | 390 |

（＊1）58,200〈T/B完成工事未収入金〉＋157,000〈5.の完成工事未収入金〉＝215,200〈B/S完成工事未収入金〉

（28,000〈T/B受取手形〉＋215,200〈完成工事未収入金〉）×2％＝4,864〈設定額〉

4,864−1,032〈T/B貸倒引当金〉＝3,832〈繰入額〉

（＊2）1,300〈損金不算入額〉×30％〈実効税率〉＝390〈繰延税金資産〉

### 7. 完成工事補償引当金（差額補充法）

| | | | |
|---|---|---|---|
| （未成工事支出金）（＊） | 1,712 | （完成工事補償引当金） | 1,712 |

（＊）（285,000〈T/B完成工事高〉＋222,000〈5.の完成工事高〉）×0.5％＝2,535〈設定額〉

2,535−823〈T/B完成工事補償引当金〉＝1,712〈繰入額〉

（注）この段階で5.の完成工事原価202,600千円を計算することができる。

未成工事支出金

| | | | |
|---|---|---|---|
| T/B | 195,068 | 4. | 180 |
| 2. | 6,000 | | |
| 7. | 1,712 | 202,600 | |

8. 法人税、住民税及び事業税の計上と当期純利益の計算

| （法人税、住民税及び事業税）（＊1） | 9,108 | （仮 払 法 人 税 等） | 5,600 |
|---|---|---|---|
| | | （未 払 法 人 税 等）（＊2） | 3,508 |

（＊1） 508,808〈収益合計〉－479,748〈費用合計〉＝29,060〈税引前当期純利益〉

29,060〈税引前当期純利益〉＋1,300〈損金不算入額〉＝30,360〈課税所得〉

30,360×30％〈実効税率〉＝9,108〈法人税、住民税及び事業税〉

（＊2） 9,108－5,600＝3,508

なお、資料9．に「税効果を考慮した上で、当期純損益を計上する。」とあることから、税引前当期純利益に対して、税効果後の『法人税、住民税及び事業税』が30％となるように計算することもできる。

| 税 引 前 当 期 純 利 益 | | 29,060 | |
|---|---|---|---|
| 法人税、住民税及び事業税 | 9,108 | | |
| 法 人 税 等 調 整 額 | △390 | 8,718 | ←29,060×30％ |
| 当 期 純 利 益 | | 20,342 | |

29,060〈税引前当期純利益〉×30％〈実効税率〉＝8,718〈税効果後の法人税、住民税及び事業税〉

8,718＋390〈法人税等調整額〉＝9,108〈税効果前の法人税、住民税及び事業税〉

**MEMO**

〈参考文献〉
「建設業会計概説　1級　財務諸表」（編集・発行：財団法人建設業振興基金）

よくわかる簿記シリーズ
合格するための過去問題集　建設業経理士1級　財務諸表　第6版

2008年12月10日　初　版　第1刷発行
2024年8月30日　第6版　第2刷発行

編　著　者　　TAC株式会社
　　　　　　　（建設業経理士検定講座）
発　行　者　　多　田　敏　男
発　行　所　　TAC株式会社　出版事業部
　　　　　　　　　　　　　　（TAC出版）

〒101-8383
東京都千代田区神田三崎町3-2-18
電　話　03（5276）9492（営業）
FAX　03（5276）9674
https://shuppan.tac-school.co.jp

印　　刷　　株式会社　ワコー
製　　本　　東京美術紙工協業組合

© TAC 2023　　Printed in Japan

ISBN 978-4-300-10585-6
N.D.C. 336

乱丁・落丁による交換，および正誤のお問合せ対応は，該当書籍の改訂版刊行月末日までといたします。なお，交換につきましては，書籍の在庫状況等により，お受けできない場合もございます。
また，各種本試験の実施の延期，中止を理由とした本書の返品はお受けいたしません。返金もいたしかねますので，あらかじめご了承くださいますようお願い申し上げます。

# 建設業経理士検定講座のご案内

## オリジナル教材 合格までのノウハウを結集!

これが**TAC**

### テキスト
試験の出題傾向を徹底分析。最短距離での合格を目標に、確実に理解できるように工夫されています。

### トレーニング
合格を確実なものとするためには欠かせないアウトプットトレーニング用教材です。出題パターンと解答テクニックを修得してください。

### 的中答練
講義を一通り修了した段階で、本試験形式の問題練習を繰り返しトレーニングします。これにより、一層の実力アップが図れます。

### DVD
TAC専任講師の講義を収録したDVDです。画面を通して、講義の迫力とポイントが伝わり、よりわかりやすく、より効率的に学習が進められます。[DVD通信講座のみ送付]

## 学習メディア ライフスタイルに合わせて選べる!

### Web通信講座
スマホやタブレットにも対応

見て学ぶ

講義をブロードバンドを利用し動画で配信します。ご自身のペースに合わせて、24時間いつでも何度でも繰り返し受講することができます。また、講義動画は専用アプリにダウンロードして2週間視聴可能です。有効期間内は何度でもダウンロード可能です。
※Web通信講座の配信期間は、受講された試験月の末日までです。

**TAC WEB SCHOOL ホームページ** URL https://portal.tac-school.co.jp/
※お申込み前に、右記のサイトにて必ず動作環境をご確認ください。

### DVD通信講座

見て学ぶ

講義を収録したデジタル映像をご自宅にお届けします。
配信期限やネット環境を気にせず受講できるので安心です。

※DVD-Rメディア対応のDVDプレーヤーでのみ受講が可能です。パソコンやゲーム機での動作保証はいたしておりません。

### 資料通信講座
(1級総合本科生のみ)

テキスト・添削問題を中心として学習します。

## Webでも無料配信中! スマホ・タブレット パソコン 「TAC動画チャンネル」

- **入門セミナー** ※収録内容の変更のため、配信されない期間が生じる場合がございます。
- **1回目の講義(前半分)が視聴できます**

詳しくは、TACホームページ「TAC動画チャンネル」をクリック!

TAC動画チャンネル 建設業 検索

---

**コースの詳細は、建設業経理士検定講座パンフレット・TACホームページをご覧ください。**

## 合格カリキュラム　ご自身のレベルに合わせて無理なく学習！

### 1級受験対策コース ▶ 　財務諸表　財務分析　原価計算

#### 1級総合本科生　　対象　日商簿記2級・建設業2級修了者、日商簿記1級修了者

| 財務諸表 | 財務分析 | 原価計算 |
|---|---|---|
| **財務諸表本科生** | **財務分析本科生** | **原価計算本科生** |
| 財務諸表講義 ／ 財務諸表的中答練 | 財務分析講義 ／ 財務分析的中答練 | 原価計算講義 ／ 原価計算的中答練 |

※上記の他、1級的中答練セットもございます。

### 2級受験対策コース

#### 2級本科生（日商3級講義付）　対象　初学者（簿記知識がゼロの方）

| 日商簿記3級講義 | 2級講義 | 2級的中答練 |
|---|---|---|

#### 2級本科生　対象　日商簿記3級・建設業3級修了者

| 2級講義 | 2級的中答練 |
|---|---|

#### 日商2級修了者用2級セット　対象　日商簿記2級修了者

| 日商2級修了者用2級講義 | 2級的中答練 |
|---|---|

※上記の他、単科申込みのコースもございます。　※上記コース内容は予告なく変更される場合がございます。あらかじめご了承ください。

**合格カリキュラムの詳細は、TACホームページをご覧になるか、パンフレットにてご確認ください。**

## 安心のフォロー制度　充実のバックアップ体制で、学習を強力サポート！

🆆 🔘 🗂 ＝Web・DVD・資料通信講座でのフォロー制度です。

### 1. 受講のしやすさを考えた制度

**随時入学** 🆆 🔘 🗂
"始めたい時が開講日"。視聴開始日・送付開始日以降ならいつでも受講を開始できます。

### 2. 困った時、わからない時のフォロー

**質問電話** 🆆 🔘 🗂
講師とのコミュニケーションツール。疑問点・不明点は、質問電話ですぐに解決しましょう。

**質問カード** 🆆 🔘
講師と接する機会の少ない通信受講生も、質問カードを利用すればいつでも疑問点・不明点を講師に質問し、解決できます。また、実際に質問事項を書くことによって、理解も深まります（利用回数：10回）。

**質問メール** 🆆 🔘
受講生専用のWebサイト「マイページ」より質問メール機能がご利用いただけます（利用回数：10回）。
※質問カード、メールの使用回数の上限は合算で10回までとなります。

### 3. その他の特典

**再受講割引制度** 🆆 🔘 🗂

過去に、本科生（1級各科目本科生含む）を受講されたことのある方が、同一コースをもう一度受講される場合には再受講割引受講料でお申込みいただけます。

※以前受講されていた時の会員証をご提示いただき、お手続きをしてください。
※テキスト・問題集はお渡ししておりませんのでお手持ちのテキスト等をご使用ください。テキスト等のver.変更があった場合は、別途お買い求めください。

# 会計業界への就職・転職支援サービス

**TPB**

TACの100%出資子会社であるTACプロフェッションバンク（TPB）は、会計・税務分野に特化した転職エージェントです。勉強された知識とご希望に合ったお仕事を一緒に探しませんか？ 相談だけでも大歓迎です！ どうぞお気軽にご利用ください。

## 人材コンサルタントが無料でサポート

**Step1 相談受付**
完全予約制です。HPからご登録いただくか、各オフィスまでお電話ください。

**Step2 面談**
ご経験やご希望をお聞かせください。あなたの将来について一緒に考えましょう。

**Step3 情報提供**
ご希望に適うお仕事があれば、その場でご紹介します。強制はいたしませんのでご安心ください。

---

**正社員で働く**

- 安定した収入を得たい
- キャリアプランについて相談したい
- 面接日程や入社時期などの調整をしてほしい
- 今就職すべきか、勉強を優先すべきか迷っている
- 職場の雰囲気など、求人票でわからない情報がほしい

キャリアUP　資格有

**TACキャリアエージェント**

https://tacnavi.com/

---

**派遣で働く（関東のみ）**

- 勉強を優先して働きたい
- 将来のために実務経験を積んでおきたい
- まずは色々な職場や職種を経験したい
- 家庭との両立を第一に考えたい
- 就業環境を確認してから正社員で働きたい

子育中　勉強中

**TACの経理・会計派遣**

https://tacnavi.com/haken/

※ご経験やご希望内容によってはご支援が難しい場合がございます。予めご了承ください。　※面談時間は原則お一人様30分とさせていただきます。

## 自分のペースでじっくりチョイス

**正社員 アルバイトで働く**

- 自分の好きなタイミングで就職活動をしたい
- どんな求人案件があるのか見たい
- 企業からのスカウトを待ちたい
- WEB上で応募管理をしたい

Webで

**TACキャリアナビ**

https://tacnavi.com/kyujin/

---

 **TACプロフェッションバンク**

■有料職業紹介事業 許可番号13-ユ-010678　■一般労働者派遣事業 許可番号（派）13-010932
■特定募集情報等提供事業 届出受理番号51-募-000541

**東京オフィス**
〒101-0051
東京都千代田区神田神保町 1-103
東京パークタワー 2F
TEL.03-3518-6775

**大阪オフィス**
〒530-0013
大阪府大阪市北区茶屋町 6-20
吉田茶屋町ビル 5F
TEL.06-6371-5851

**名古屋 登録会場**
〒453-0014
愛知県名古屋市中村区則武 1-1-7
NEWNO 名古屋駅西 8F
TEL.0120-757-655

10860572

# TAC出版 書籍のご案内

TAC出版では、資格の学校TAC各講座の定評ある執筆陣による資格試験の参考書をはじめ、資格取得者の開業法や仕事術、実務書、ビジネス書、一般書などを発行しています！

## TAC出版の書籍

*一部書籍は、早稲田経営出版のブランドにて刊行しております。

### 資格・検定試験の受験対策書籍

- ❂日商簿記検定
- ❂建設業経理士
- ❂全経簿記上級
- ❂税　理　士
- ❂公認会計士
- ❂社会保険労務士
- ❂中小企業診断士
- ❂証券アナリスト

- ❂ファイナンシャルプランナー(FP)
- ❂証券外務員
- ❂貸金業務取扱主任者
- ❂不動産鑑定士
- ❂宅地建物取引士
- ❂賃貸不動産経営管理士
- ❂マンション管理士
- ❂管理業務主任者

- ❂司法書士
- ❂行政書士
- ❂司法試験
- ❂弁理士
- ❂公務員試験(大卒程度・高卒者)
- ❂情報処理試験
- ❂介護福祉士
- ❂ケアマネジャー
- ❂電験三種　ほか

### 実務書・ビジネス書

- ❂会計実務、税法、税務、経理
- ❂総務、労務、人事
- ❂ビジネススキル、マナー、就職、自己啓発
- ❂資格取得者の開業法、仕事術、営業術

### 一般書・エンタメ書

- ❂ファッション
- ❂エッセイ、レシピ
- ❂スポーツ
- ❂旅行ガイド (おとな旅プレミアム/旅コン)

# 書籍の正誤に関するご確認とお問合せについて

書籍の記載内容に誤りではないかと思われる箇所がございましたら、以下の手順にてご確認とお問合せをしてくださいますよう、お願い申し上げます。

なお、正誤のお問合せ以外の**書籍内容に関する解説および受験指導などは、一切行っておりません。**
そのようなお問合せにつきましては、お答えいたしかねますので、あらかじめご了承ください。

## 1 「Cyber Book Store」にて正誤表を確認する

TAC出版書籍販売サイト「Cyber Book Store」の
トップページ内「正誤表」コーナーにて、正誤表をご確認ください。

**CYBER** TAC出版書籍販売サイト
**BOOK STORE**

## URL：https://bookstore.tac-school.co.jp/

## 2 1の正誤表がない、あるいは正誤表に該当箇所の記載がない
⇒ 下記①、②のどちらかの方法で文書にて問合せをする

★ご注意ください★

**お電話でのお問合せは、お受けいたしません。**

①、②のどちらの方法でも、お問合せの際には、「お名前」とともに、
「対象の書籍名（○級・第○回対策も含む）およびその版数（第○版・○○年度版など）」
「お問合せ該当箇所の頁数と行数」
「誤りと思われる記載」
「正しいとお考えになる記載とその根拠」
を明記してください。

なお、回答までに1週間前後を要する場合もございます。あらかじめご了承ください。

① ウェブページ「Cyber Book Store」内の「お問合せフォーム」より問合せをする

【お問合せフォームアドレス】

## https://bookstore.tac-school.co.jp/inquiry/

② メールにより問合せをする

【メール宛先　TAC出版】

## syuppan-h@tac-school.co.jp

※土日祝日はお問合せ対応をおこなっておりません。
※正誤のお問合せ対応は、該当書籍の改訂版刊行月末日までといたします。

乱丁・落丁による交換は、該当書籍の改訂版刊行月末日までといたします。なお、書籍の在庫状況等により、お受けできない場合もございます。
また、各種本試験の実施の延期、中止を理由とした本書の返品はお受けいたしません。返金もいたしかねますので、あらかじめご了承くださいますようお願い申し上げます。

（2022年7月現在）

# 解答用紙

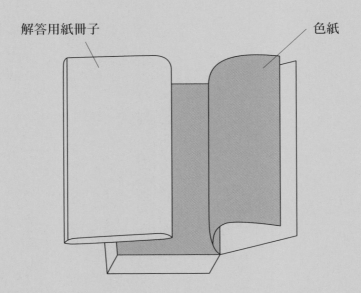

解答用紙冊子　　　　　　　　　　　　色紙

────〈解答用紙ご利用時の注意〉────

　以下の「解答用紙」は，この色紙を残したまてまいねいに抜き取り，ご利用ください。

　また，抜取りの際の損傷についてのお取替えはご遠慮願います。

解答用紙はダウンロードもご利用いただけます。
TAC出版書籍販売サイト・サイバーブックストアにアクセスしてください。
https://bookstore.tac-school.co.jp/

# 別冊

解答用紙

# 第23回　解答用紙

**第1問** 20点　解答にあたっては、各問とも指定した字数以内（句読点を含む）で記入すること。

問1

10　　　　20　　　25

5

問2

5

10

**第2問** 14点

記号（ア～タ）

| 1 | 2 | 3 | 4 | 5 | 6 | 7 |
|---|---|---|---|---|---|---|
|   |   |   |   |   |   |   |

**第3問** 16点

記号（AまたはB）

| 1 | 2 | 3 | 4 | 5 | 6 | 7 | 8 |
|---|---|---|---|---|---|---|---|
|   |   |   |   |   |   |   |   |

**第4問** 14点　記号（ア～ス）も必ず記入のこと

| | 借　方 | | | 貸　方 | | |
|---|---|---|---|---|---|---|
| | 記号 | 勘　定　科　目 | 金　　額 | 記号 | 勘　定　科　目 | 金　　額 |
| 問1 | | | | | | |
| 問2 | | | | | | |
| 問3 | | | | | | |
| 問4 | | | | | | |

**第5問** 36点

精 算 表 （単位：千円）

| 勘定科目 | 残高試算表 借方 | 残高試算表 貸方 | 整理記入 借方 | 整理記入 貸方 | 損益計算書 借方 | 損益計算書 貸方 | 貸借対照表 借方 | 貸借対照表 貸方 |
|---|---|---|---|---|---|---|---|---|
| 現 金 預 金 | 22410 | | | | | | | |
| 受 取 手 形 | 30000 | | | | | | | |
| 貸 倒 引 当 金 | | 1200 | | | | | | |
| 未成工事支出金 | 203190 | | | | | | | |
| 機 械 装 置 | 40000 | | | | | | | |
| 機械装置減価償却累計額 | | 8000 | | | | | | |
| 土 地 | 16000 | | | | | | | |
| 投 資 有 価 証 券 | 2300 | | | | | | | |
| 買建オプション | 120 | | | | | | | |
| その他の諸資産 | 19520 | | | | | | | |
| 工 事 未 払 金 | | 13400 | | | | | | |
| 未成工事受入金 | | 136000 | | | | | | |
| 完成工事補償引当金 | | 130 | | | | | | |
| 借 入 金 | | 5000 | | | | | | |
| 退職給付引当金 | | 4200 | | | | | | |
| その他の諸負債 | | 11970 | | | | | | |
| 資 本 金 | | 150000 | | | | | | |
| 資 本 準 備 金 | | 11000 | | | | | | |
| 利 益 準 備 金 | | 9000 | | | | | | |
| 繰越利益剰余金 | | 4800 | | | | | | |
| 雑 収 入 | | 3160 | | | | | | |
| 販売費及び一般管理費 | 22430 | | | | | | | |
| その他の諸費用 | 1890 | | | | | | | |
| | 357860 | 357860 | | | | | | |
| 機械装置減損損失 | | | | | | | | |
| 貸倒引当金繰入額 | | | | | | | | |
| その他有価証券評価差額金 | | | | | | | | |
| 繰 延 ヘ ッ ジ 損 益 | | | | | | | | |
| 繰 延 税 金 資 産 | | | | | | | | |
| 繰 延 税 金 負 債 | | | | | | | | |
| 完成工事未収入金 | | | | | | | | |
| 完 成 工 事 高 | | | | | | | | |
| 完 成 工 事 原 価 | | | | | | | | |
| 未 払 費 用 | | | | | | | | |
| 未 払 法 人 税 等 | | | | | | | | |
| 法人税、住民税及び事業税 | | | | | | | | |
| 法 人 税 等 調 整 額 | | | | | | | | |
| | | | | | | | | |
| 当 期 （　　　　） | | | | | | | | |
| | | | | | | | | |

5

**第1問**　20点　解答にあたっては、各問とも指定した字数以内（句読点を含む）で記入すること。

問1

問2

解答用紙

第24回

**第2問** 14点

記号（ア～タ）

| 1 | 2 | 3 | 4 | 5 | 6 |
|---|---|---|---|---|---|
|   |   |   |   |   |   |

**第3問** 16点

記号（AまたはB）

| 1 | 2 | 3 | 4 | 5 | 6 | 7 | 8 |
|---|---|---|---|---|---|---|---|
|   |   |   |   |   |   |   |   |

**第4問** 14点

問1 ［　　　］ 千円

問2 ［　　　］ 千円

問3 ［　　　］ 千円

精　算　表　　　　　　　　（単位：千円）

| 勘定科目 | 残高試算表 借方 | 残高試算表 貸方 | 整理記入 借方 | 整理記入 貸方 | 損益計算書 借方 | 損益計算書 貸方 | 貸借対照表 借方 | 貸借対照表 貸方 |
|---|---|---|---|---|---|---|---|---|
| 現 金 預 金 | 8256 | | | | | | | |
| 受 取 手 形 | 18000 | | | | | | | |
| 貸 倒 引 当 金 | | 1300 | | | | | | |
| 未成工事支出金 | 256419 | | | | | | | |
| 機 械 装 置 | 40000 | | | | | | | |
| 機械装置減価償却累計額 | | 6000 | | | | | | |
| 土 地 | 10000 | | | | | | | |
| 投 資 有 価 証 券 | 2500 | | | | | | | |
| その他の諸資産 | 12680 | | | | | | | |
| 工 事 未 払 金 | | 20879 | | | | | | |
| 未成工事受入金 | | 78800 | | | | | | |
| 完成工事補償引当金 | | 110 | | | | | | |
| 借 入 金 | | 4000 | | | | | | |
| 退職給付引当金 | | 18280 | | | | | | |
| その他の諸負債 | | 11970 | | | | | | |
| 資 本 金 | | 200000 | | | | | | |
| 資 本 準 備 金 | | 12000 | | | | | | |
| 利 益 準 備 金 | | 8000 | | | | | | |
| 繰越利益剰余金 | | 3200 | | | | | | |
| 雑 収 入 | | 2876 | | | | | | |
| 販売費及び一般管理費 | 18240 | | | | | | | |
| その他の諸費用 | 1320 | | | | | | | |
| | 367415 | 367415 | | | | | | |
| 資 産 除 去 債 務 | | | | | | | | |
| 利 息 費 用 | | | | | | | | |
| 機械装置減損失 | | | | | | | | |
| 貸倒引当金繰入額 | | | | | | | | |
| その他有価証券評価差額金 | | | | | | | | |
| 繰 延 税 金 資 産 | | | | | | | | |
| 繰 延 税 金 負 債 | | | | | | | | |
| 完成工事未収入金 | | | | | | | | |
| 完 成 工 事 高 | | | | | | | | |
| 完 成 工 事 原 価 | | | | | | | | |
| 前 払 費 用 | | | | | | | | |
| 未 払 法 人 税 等 | | | | | | | | |
| 法人税、住民税及び事業税 | | | | | | | | |
| 法人税等調整額 | | | | | | | | |
| 当 期 （　　　） | | | | | | | | |

8

# 第25回 解答用紙

第1問　20点　解答にあたっては、各問とも指定した字数以内（句読点を含む）で記入すること。

問1

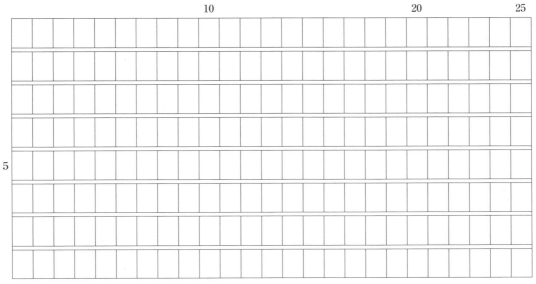

問2

## 第2問 14点

記号（ア～タ）

| 1 | 2 | 3 | 4 | 5 | 6 | 7 |
|---|---|---|---|---|---|---|
|   |   |   |   |   |   |   |

## 第3問 16点

記号（AまたはB）

| 1 | 2 | 3 | 4 | 5 | 6 | 7 | 8 |
|---|---|---|---|---|---|---|---|
|   |   |   |   |   |   |   |   |

## 第4問 14点

記号（ア～チ）も必ず記入のこと

| | | 借　　方 | | | 貸　　方 | | |
|---|---|---|---|---|---|---|---|
| | | 記号 | 勘　定　科　目 | 金　　額 | 記号 | 勘　定　科　目 | 金　　額 |
| 問1 | J V | | | | | | |
| | B社 | | | | | | |
| 問2 | J V | | | | | | |
| | A社 | | | | | | |
| 問3 | J V | | | | | | |
| | A社 | | | | | | |
| 問4 | J V | | | | | | |
| | B社 | | | | | | |
| 問5 | A社 | | | | | | |

## 第5問 36点

### 精 算 表 （単位：千円）

| 勘定科目 | 残高試算表 借方 | 残高試算表 貸方 | 整理記入 借方 | 整理記入 貸方 | 損益計算書 借方 | 損益計算書 貸方 | 貸借対照表 借方 | 貸借対照表 貸方 |
|---|---|---|---|---|---|---|---|---|
| 現 金 預 金 | 9907 | | | | | | | |
| 受 取 手 形 | 21000 | | | | | | | |
| 貸 倒 引 当 金 | | 1500 | | | | | | |
| 未成工事支出金 | 308740 | | | | | | | |
| 機 械 装 置 | 48000 | | | | | | | |
| 機械装置減価償却累計額 | | 24000 | | | | | | |
| 土 地 | 12000 | | | | | | | |
| 投 資 有 価 証 券 | 3000 | | | | | | | |
| 金 利 ス ワ ッ プ | 30 | | | | | | | |
| その他の諸資産 | 15216 | | | | | | | |
| 工 事 未 払 金 | | 102284 | | | | | | |
| 未 成 工 事 受 入 金 | | 10600 | | | | | | |
| 完成工事補償引当金 | | 130 | | | | | | |
| 借 入 金 | | 6000 | | | | | | |
| 退職給付引当金 | | 21936 | | | | | | |
| その他の諸負債 | | 14364 | | | | | | |
| 資 本 金 | | 230000 | | | | | | |
| 資 本 準 備 金 | | 14000 | | | | | | |
| 利 益 準 備 金 | | 9000 | | | | | | |
| 繰越利益剰余金 | | 4100 | | | | | | |
| 雑 収 入 | | 3451 | | | | | | |
| 販売費及び一般管理費 | 21888 | | | | | | | |
| その他の諸費用 | 1584 | | | | | | | |
| | 441365 | 441365 | | | | | | |
| 機械装置減損損失 | | | | | | | | |
| 貸倒引当金繰入額 | | | | | | | | |
| 有 価 証 券 評 価 損 | | | | | | | | |
| その他有価証券評価差額金 | | | | | | | | |
| ス ワ ッ プ 評 価 益 | | | | | | | | |
| 繰 延 税 金 資 産 | | | | | | | | |
| 繰 延 税 金 負 債 | | | | | | | | |
| 完成工事未収入金 | | | | | | | | |
| 完 成 工 事 高 | | | | | | | | |
| 完 成 工 事 原 価 | | | | | | | | |
| 未 払 費 用 | | | | | | | | |
| 未 払 法 人 税 等 | | | | | | | | |
| 法人税,住民税及び事業税 | | | | | | | | |
| 法 人 税 等 調 整 額 | | | | | | | | |
| | | | | | | | | |
| 当 期 （ ） | | | | | | | | |

**第1問** 20点　解答にあたっては、各問とも指定した字数以内（句読点を含む）で記入すること。

問1

問2

## 第2問 | 14点

記号（ア〜セ）

| 1 | 2 | 3 | 4 | 5 | 6 | 7 |
|---|---|---|---|---|---|---|
|   |   |   |   |   |   |   |

## 第3問 | 16点

記号（AまたはB）

| 1 | 2 | 3 | 4 | 5 | 6 | 7 | 8 |
|---|---|---|---|---|---|---|---|
|   |   |   |   |   |   |   |   |

## 第4問 | 14点

問1　¥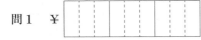

問2　¥

問3　¥

## 精 算 表

（単位：千円）

| 勘定科目 | 残高試算表 借方 | 残高試算表 貸方 | 整理記入 借方 | 整理記入 貸方 | 損益計算書 借方 | 損益計算書 貸方 | 貸借対照表 借方 | 貸借対照表 貸方 |
|---|---|---|---|---|---|---|---|---|
| 現 金 預 金 | 24000 | | | | | | | |
| 受 取 手 形 | 25000 | | | | | | | |
| 貸 付 金 | 1500 | | | | | | | |
| 貸 倒 引 当 金 | | 1800 | | | | | | |
| 未 成 工 事 支 出 金 | 204869 | | | | | | | |
| 機 械 装 置 | 52000 | | | | | | | |
| 機械装置減価償却累計額 | | 31200 | | | | | | |
| 土 地 | 35000 | | | | | | | |
| 投 資 有 価 証 券 | 6000 | | | | | | | |
| その他の諸資産 | 36389 | | | | | | | |
| 工 事 未 払 金 | | 61827 | | | | | | |
| 未 成 工 事 受 入 金 | | 39200 | | | | | | |
| 完成工事補償引当金 | | 125 | | | | | | |
| 社 債 | | 19740 | | | | | | |
| 退 職 給 付 引 当 金 | | 32615 | | | | | | |
| その他の諸負債 | | 18268 | | | | | | |
| 資 本 金 | | 160000 | | | | | | |
| 資 本 準 備 金 | | 23000 | | | | | | |
| 利 益 準 備 金 | | 11000 | | | | | | |
| 減 債 積 立 金 | | 10000 | | | | | | |
| 繰 越 利 益 剰 余 金 | | 5200 | | | | | | |
| 雑 収 入 | | 4561 | | | | | | |
| 販売費及び一般管理費 | 25566 | | | | | | | |
| 社 債 利 息 | 600 | | | | | | | |
| その他の諸費用 | 7612 | | | | | | | |
| | 418536 | 418536 | | | | | | |
| 機械装置減損損失 | | | | | | | | |
| 貸 倒 引 当 金 繰 入 額 | | | | | | | | |
| 為 替 差 損 益 | | | | | | | | |
| その他有価証券評価差額金 | | | | | | | | |
| 社 債 償 還（　　） | | | | | | | | |
| 繰 延 税 金 資 産 | | | | | | | | |
| 繰 延 税 金 負 債 | | | | | | | | |
| 完 成 工 事 未 収 入 金 | | | | | | | | |
| 完 成 工 事 高 | | | | | | | | |
| 完 成 工 事 原 価 | | | | | | | | |
| 未 払 法 人 税 等 | | | | | | | | |
| 法人税、住民税及び事業税 | | | | | | | | |
| 法 人 税 等 調 整 額 | | | | | | | | |
| | | | | | | | | |
| 当 期（　　　　） | | | | | | | | |
| | | | | | | | | |

# 第27回 解答用紙

問　題 18
解　答 78

**第1問** **20点** 解答にあたっては、各問とも指定した字数以内（句読点を含む）で記入すること。

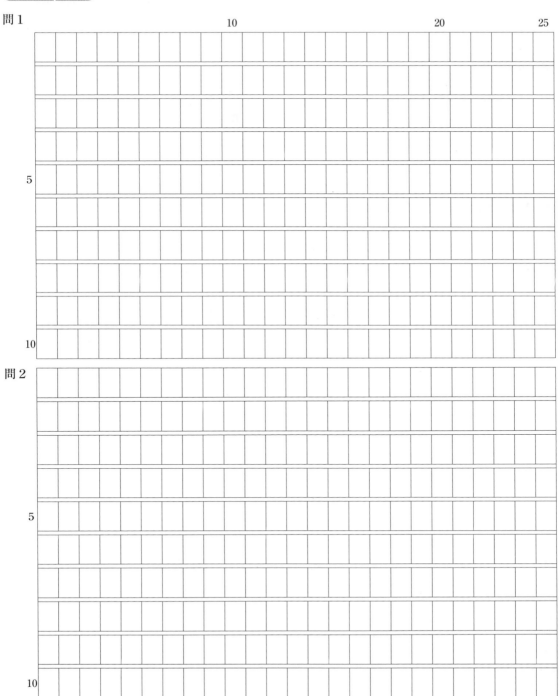

問1

問2

**第2問** | 14点

記号（ア〜タ）

| 1 | 2 | 3 | 4 | 5 | 6 | 7 |
|---|---|---|---|---|---|---|
|   |   |   |   |   |   |   |

**第3問** | 16点

記号（AまたはB）

| 1 | 2 | 3 | 4 | 5 | 6 |
|---|---|---|---|---|---|
|   |   |   |   |   |   |

**第4問** | 14点

（単位：千円）

① 
② 
③ 
④ 
⑤ 
⑥

**第5問** 36点

精 算 表　　　　　　　　　　　　　　（単位：千円）

| 勘定科目 | 残高試算表 借方 | 残高試算表 貸方 | 整理記入 借方 | 整理記入 貸方 | 損益計算書 借方 | 損益計算書 貸方 | 貸借対照表 借方 | 貸借対照表 貸方 |
|---|---|---|---|---|---|---|---|---|
| 現 金 預 金 | 8123 | | | | | | | |
| 受 取 手 形 | 18000 | | | | | | | |
| 貸 倒 引 当 金 | | 2620 | | | | | | |
| 未成工事支出金 | 229908 | | | | | | | |
| 仮 払 金 | 2620 | | | | | | | |
| 機 械 装 置 | 52000 | | | | | | | |
| 機械装置減価償却累計額 | | 14400 | | | | | | |
| 土 地 | 15000 | | | | | | | |
| 投 資 有 価 証 券 | 5000 | | | | | | | |
| その他の諸資産 | 32354 | | | | | | | |
| 工 事 未 払 金 | | 126325 | | | | | | |
| 未成工事受入金 | | 4400 | | | | | | |
| 完成工事補償引当金 | | 115 | | | | | | |
| リ ー ス 債 務 | | 12000 | | | | | | |
| 退職給付引当金 | | 26254 | | | | | | |
| その他の諸負債 | | 18268 | | | | | | |
| 資 本 金 | | 150000 | | | | | | |
| 資 本 準 備 金 | | 18000 | | | | | | |
| 利 益 準 備 金 | | 8000 | | | | | | |
| 繰越利益剰余金 | | 3000 | | | | | | |
| 雑 収 入 | | 3267 | | | | | | |
| 販売費及び一般管理費 | 18792 | | | | | | | |
| その他の諸費用 | 4852 | | | | | | | |
| | 386649 | 386649 | | | | | | |
| 支 払 利 息 | | | | | | | | |
| 機械装置減損損失 | | | | | | | | |
| 貸倒引当金繰入額 | | | | | | | | |
| その他有価証券評価差額金 | | | | | | | | |
| 繰 延 税 金 資 産 | | | | | | | | |
| 繰 延 税 金 負 債 | | | | | | | | |
| 完成工事未収入金 | | | | | | | | |
| 完 成 工 事 高 | | | | | | | | |
| 完 成 工 事 原 価 | | | | | | | | |
| 未 払 法 人 税 等 | | | | | | | | |
| 法人税、住民税及び事業税 | | | | | | | | |
| 法 人 税 等 調 整 額 | | | | | | | | |
| | | | | | | | | |
| 当 期 （　　　　） | | | | | | | | |
| | | | | | | | | |

**第1問** 20点　解答にあたっては、各問とも指定した字数以内（句読点を含む）で記入すること。

問1

　　　　　　　　　　10　　　　　　　　　　20　　　　　25

5

問2

5

10

**第2問** 14点

記号（ア～タ）

| 1 | 2 | 3 | 4 | 5 | 6 | 7 |
|---|---|---|---|---|---|---|
|   |   |   |   |   |   |   |

**第3問** 16点

記号（AまたはB）

| 1 | 2 | 3 | 4 | 5 | 6 | 7 | 8 |
|---|---|---|---|---|---|---|---|
|   |   |   |   |   |   |   |   |

**第4問** 14点

問1　①　☐ 千円

　　　②　☐ 千円

問2　☐ 千円

問3　☐ 千円

**第5問** | 36点

精　算　表

（単位：千円）

| 勘定科目 | 残高試算表 借方 | 残高試算表 貸方 | 整理記入 借方 | 整理記入 貸方 | 損益計算書 借方 | 損益計算書 貸方 | 貸借対照表 借方 | 貸借対照表 貸方 |
|---|---|---|---|---|---|---|---|---|
| 現　金　預　金 | 6257 | | | | | | | |
| 受　取　手　形 | 12000 | | | | | | | |
| 貸　倒　引　当　金 | | 1280 | | | | | | |
| 未成工事支出金 | 208553 | | | | | | | |
| 仮払法人税等 | 1200 | | | | | | | |
| 機　械　装　置 | 63000 | | | | | | | |
| 機械装置減価償却累計額 | | 9600 | | | | | | |
| 土　　　　　地 | 17000 | | | | | | | |
| 投資有価証券 | 4000 | | | | | | | |
| その他の諸資産 | 32478 | | | | | | | |
| 工　事　未　払　金 | | 32157 | | | | | | |
| 未成工事受入金 | | 90000 | | | | | | |
| 完成工事補償引当金 | | 127 | | | | | | |
| 退職給付引当金 | | 33490 | | | | | | |
| その他の諸負債 | | 20684 | | | | | | |
| 資　　本　　金 | | 150000 | | | | | | |
| 資　本　準　備　金 | | 19000 | | | | | | |
| 利　益　準　備　金 | | 7000 | | | | | | |
| 繰越利益剰余金 | | 2000 | | | | | | |
| 雑　　収　　入 | | 2654 | | | | | | |
| 販売費及び一般管理費 | 18652 | | | | | | | |
| その他の諸費用 | 4852 | | | | | | | |
| | 367992 | 367992 | | | | | | |
| 資産除去債務 | | | | | | | | |
| 固定資産除却損 | | | | | | | | |
| 利　息　費　用 | | | | | | | | |
| 貸倒引当金繰入額 | | | | | | | | |
| その他有価証券評価差額金 | | | | | | | | |
| 繰延税金資産 | | | | | | | | |
| 繰延税金負債 | | | | | | | | |
| 完成工事未収入金 | | | | | | | | |
| 完成工事高 | | | | | | | | |
| 完成工事原価 | | | | | | | | |
| 未払法人税等 | | | | | | | | |
| 法人税、住民税及び事業税 | | | | | | | | |
| 法人税等調整額 | | | | | | | | |
| 当期（　　　　） | | | | | | | | |

# 第**29**回 解答用紙

第**1**問 20点　解答にあたっては、各問とも指定した字数以内（句読点を含む）で記入すること。

問1

| | | | | | | | | | 10 | | | | | | | | | 20 | | | | | 25 |

5

10

問2

5

**第2問** 14点

記号（ア〜チ）

| 1 | 2 | 3 | 4 | 5 | 6 | 7 |
|---|---|---|---|---|---|---|
|   |   |   |   |   |   |   |

**第3問** 16点

記号（AまたはB）

| 1 | 2 | 3 | 4 | 5 | 6 | 7 | 8 |
|---|---|---|---|---|---|---|---|
|   |   |   |   |   |   |   |   |

**第4問** 14点

問1　　千円

問2　　　　　　　　千円

問3　　　　　　　　千円

**第5問** 36点

精 算 表 （単位：千円）

| 勘定科目 | 残高試算表 借方 | 残高試算表 貸方 | 整理記入 借方 | 整理記入 貸方 | 損益計算書 借方 | 損益計算書 貸方 | 貸借対照表 借方 | 貸借対照表 貸方 |
|---|---|---|---|---|---|---|---|---|
| 現 金 預 金 | 7153 | | | | | | | |
| 受 取 手 形 | 38000 | | | | | | | |
| 完成工事未収入金 | 52800 | | | | | | | |
| 貸 倒 引 当 金 | | 2430 | | | | | | |
| 未成工事支出金 | 220667 | | | | | | | |
| 仮 払 法 人 税 等 | 9500 | | | | | | | |
| 機 械 装 置 | 75000 | | | | | | | |
| 機械装置減価償却累計額 | | 22500 | | | | | | |
| 土 地 | 22000 | | | | | | | |
| 定 期 預 金 | 25000 | | | | | | | |
| 投 資 有 価 証 券 | 18000 | | | | | | | |
| その他の諸資産 | 21582 | | | | | | | |
| 工 事 未 払 金 | | 42157 | | | | | | |
| 未成工事受入金 | | 65900 | | | | | | |
| 完成工事補償引当金 | | 1168 | | | | | | |
| 退職給付引当金 | | 95715 | | | | | | |
| その他の諸負債 | | 20684 | | | | | | |
| 資 本 金 | | 160000 | | | | | | |
| 資 本 準 備 金 | | 19000 | | | | | | |
| 利 益 準 備 金 | | 7000 | | | | | | |
| 繰越利益剰余金 | | 2000 | | | | | | |
| 完 成 工 事 高 | | 365200 | | | | | | |
| 完 成 工 事 原 価 | 292160 | | | | | | | |
| 受 取 利 息 | | 750 | | | | | | |
| 雑 収 入 | | 2152 | | | | | | |
| 販売費及び一般管理費 | 20594 | | | | | | | |
| その他の諸費用 | 2700 | | | | | | | |
| | 805906 | 805906 | | | | | | |
| 固定資産除却損 | | | | | | | | |
| 未 収 利 息 | | | | | | | | |
| 貸倒引当金繰入額 | | | | | | | | |
| その他有価証券評価差額金 | | | | | | | | |
| 繰 延 税 金 資 産 | | | | | | | | |
| 繰 延 税 金 負 債 | | | | | | | | |
| 未 払 法 人 税 等 | | | | | | | | |
| 法人税、住民税及び事業税 | | | | | | | | |
| 法 人 税 等 調 整 額 | | | | | | | | |
| | | | | | | | | |
| 当 期 （ ） | | | | | | | | |
| | | | | | | | | |

23

**第1問** 20点 解答にあたっては、各問とも指定した字数以内（句読点を含む）で記入すること。

問1

問2

解答用紙

## 第2問 14点

記号（ア〜タ）

| 1 | 2 | 3 | 4 | 5 | 6 | 7 |
|---|---|---|---|---|---|---|
|   |   |   |   |   |   |   |

## 第3問 16点

記号（AまたはB）

| 1 | 2 | 3 | 4 | 5 | 6 | 7 | 8 |
|---|---|---|---|---|---|---|---|
|   |   |   |   |   |   |   |   |

## 第4問 14点

記号（ア〜ス）も必ず記入のこと

| | 借　方 | | | 貸　方 | | |
|---|---|---|---|---|---|---|
| | 記号 | 勘 定 科 目 | 金　　額 | 記号 | 勘 定 科 目 | 金　　額 |
| 問1 | | | | | | |
| 問2 | | | | | | |
| 問3 | | | | | | |
| 問4 | | | | | | |

第30回

精 算 表 (単位：千円)

| 勘定科目 | 残高試算表 借方 | 残高試算表 貸方 | 整理記入 借方 | 整理記入 貸方 | 損益計算書 借方 | 損益計算書 貸方 | 貸借対照表 借方 | 貸借対照表 貸方 |
|---|---|---|---|---|---|---|---|---|
| 現 金 預 金 | 5235 | | | | | | | |
| 受 取 手 形 | 18000 | | | | | | | |
| 完成工事未収入金 | 52800 | | | | | | | |
| 貸 倒 引 当 金 | | 525 | | | | | | |
| 貸 付 金 | 2000 | | | | | | | |
| 未成工事支出金 | 233342 | | | | | | | |
| 仮 払 法 人 税 等 | 10300 | | | | | | | |
| 機 械 装 置 | 46000 | | | | | | | |
| 機械装置減価償却累計額 | | 27600 | | | | | | |
| 土 地 | 36000 | | | | | | | |
| 投 資 有 価 証 券 | 17640 | | | | | | | |
| その他の諸資産 | 19396 | | | | | | | |
| 工 事 未 払 金 | | 39728 | | | | | | |
| 未 成 工 事 受 入 金 | | 25000 | | | | | | |
| 完成工事補償引当金 | | 868 | | | | | | |
| 退 職 給 付 引 当 金 | | 45632 | | | | | | |
| その他の諸負債 | | 22870 | | | | | | |
| 資 本 金 | | 200000 | | | | | | |
| 資 本 準 備 金 | | 21000 | | | | | | |
| 利 益 準 備 金 | | 15000 | | | | | | |
| 繰 越 利 益 剰 余 金 | | 2000 | | | | | | |
| 完 成 工 事 高 | | 282300 | | | | | | |
| 雑 収 入 | | 1243 | | | | | | |
| 有 価 証 券 利 息 | | 540 | | | | | | |
| 完 成 工 事 原 価 | 223600 | | | | | | | |
| 販売費及び一般管理費 | 17358 | | | | | | | |
| その他の諸費用 | 2635 | | | | | | | |
| | 684306 | 684306 | | | | | | |
| 機 械 装 置 減 損 損 失 | | | | | | | | |
| 為 替 差 損 益 | | | | | | | | |
| 貸倒引当金繰入額 | | | | | | | | |
| その他有価証券評価差額金 | | | | | | | | |
| 繰 延 税 金 資 産 | | | | | | | | |
| 繰 延 税 金 負 債 | | | | | | | | |
| 未 払 法 人 税 等 | | | | | | | | |
| 法人税、住民税及び事業税 | | | | | | | | |
| 法 人 税 等 調 整 額 | | | | | | | | |
| 当 期 （　　　　　） | | | | | | | | |

# 第31回 解答用紙

**第1問** 20点 解答にあたっては、各問とも指定した字数以内（句読点を含む）で記入すること。

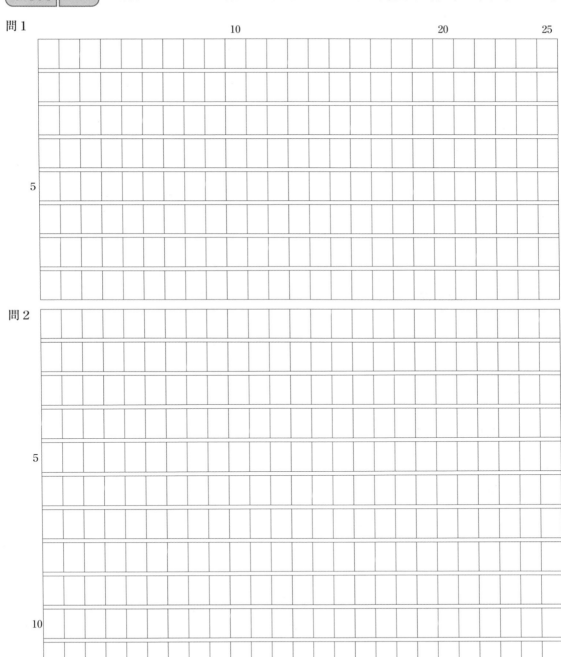

問 1

問 2

## 第2問 14点

記号（ア～チ）

| 1 | 2 | 3 | 4 | 5 | 6 | 7 |
|---|---|---|---|---|---|---|
|   |   |   |   |   |   |   |

## 第3問 16点

記号（AまたはB）

| 1 | 2 | 3 | 4 | 5 | 6 | 7 | 8 |
|---|---|---|---|---|---|---|---|
|   |   |   |   |   |   |   |   |

## 第4問 14点

記号（ア～コ）も必ず記入のこと

| | | 借　方 | | | 貸　方 | | |
|---|---|---|---|---|---|---|---|
| | | 記号 | 勘　定　科　目 | 金　　額 | 記号 | 勘　定　科　目 | 金　　額 |
| 問1 | 社債に係る仕訳 | | | | | | |
| | 先渡契約に係る仕訳 | | | | | | |
| 問2 | 社債に係る仕訳 | | | | | | |
| | 先渡契約に係る仕訳 | | | | | | |

28

## 第5問 36点

精 算 表　　　　　　　　　（単位：千円）

| 勘定科目 | 残高試算表 借方 | 残高試算表 貸方 | 整理記入 借方 | 整理記入 貸方 | 損益計算書 借方 | 損益計算書 貸方 | 貸借対照表 借方 | 貸借対照表 貸方 |
|---|---|---|---|---|---|---|---|---|
| 現 金 預 金 | 7689 | | | | | | | |
| 受 取 手 形 | 49000 | | | | | | | |
| 貸 倒 引 当 金 | | 300 | | | | | | |
| 貸 付 金 | 1300 | | | | | | | |
| 未成工事支出金 | 208219 | | | | | | | |
| 機 械 装 置 | 30000 | | | | | | | |
| 機械装置減価償却累計額 | | 18000 | | | | | | |
| 土 地 | 15000 | | | | | | | |
| 仮 払 法 人 税 等 | 8000 | | | | | | | |
| その他の諸資産 | 32777 | | | | | | | |
| 工 事 未 払 金 | | 12300 | | | | | | |
| 未 成 工 事 受 入 金 | | 39200 | | | | | | |
| 完成工事補償引当金 | | 1025 | | | | | | |
| 社 債 | | 9910 | | | | | | |
| 退 職 給 付 引 当 金 | | 12500 | | | | | | |
| その他の諸負債 | | 83520 | | | | | | |
| 資 本 金 | | 120000 | | | | | | |
| 資 本 準 備 金 | | 13000 | | | | | | |
| 利 益 準 備 金 | | 12000 | | | | | | |
| 減 債 積 立 金 | | 10000 | | | | | | |
| 繰 越 利 益 剰 余 金 | | 5600 | | | | | | |
| 完 成 工 事 高 | | 126000 | | | | | | |
| 雑 収 入 | | 3180 | | | | | | |
| 完 成 工 事 原 価 | 94500 | | | | | | | |
| 販売費及び一般管理費 | 18100 | | | | | | | |
| 社 債 利 息 | 200 | | | | | | | |
| その他の諸費用 | 1750 | | | | | | | |
| | 466535 | 466535 | | | | | | |
| 減 損 損 失 | | | | | | | | |
| 貸倒引当金繰入額 | | | | | | | | |
| 繰 延 税 金 資 産 | | | | | | | | |
| 為 替 差 損 益 | | | | | | | | |
| 社債（　　　） | | | | | | | | |
| 完成工事未収入金 | | | | | | | | |
| 未 払 法 人 税 等 | | | | | | | | |
| 法人税、住民税及び事業税 | | | | | | | | |
| 法 人 税 等 調 整 額 | | | | | | | | |
| | | | | | | | | |
| 当 期（　　　） | | | | | | | | |
| | | | | | | | | |

29

**第1問** 20点 解答にあたっては、各問とも指定した字数以内（句読点を含む）で記入すること。

問1

問2

解答用紙

## 第2問 14点

記号（ア～ネ）

| 1 | 2 | 3 | 4 | 5 | 6 | 7 |
|---|---|---|---|---|---|---|
|   |   |   |   |   |   |   |

## 第3問 16点

記号（AまたはB）

| 1 | 2 | 3 | 4 | 5 | 6 | 7 | 8 |
|---|---|---|---|---|---|---|---|
|   |   |   |   |   |   |   |   |

## 第4問 14点

記号（ア～チ）も必ず記入のこと

<table>
<tr><th rowspan="2"></th><th rowspan="2"></th><th colspan="4">借　方</th><th colspan="4">貸　方</th></tr>
<tr><th>記号</th><th>勘　定　科　目</th><th colspan="2">金　　　額</th><th>記号</th><th>勘　定　科　目</th><th colspan="2">金　　　額</th></tr>
<tr><td rowspan="2">問1</td><td>ＪＶ</td><td></td><td></td><td></td><td></td><td></td><td></td><td></td><td></td></tr>
<tr><td>A社</td><td></td><td></td><td></td><td></td><td></td><td></td><td></td><td></td></tr>
<tr><td rowspan="2">問2</td><td>ＪＶ</td><td></td><td></td><td></td><td></td><td></td><td></td><td></td><td></td></tr>
<tr><td>B社</td><td></td><td></td><td></td><td></td><td></td><td></td><td></td><td></td></tr>
<tr><td rowspan="2">問3</td><td>ＪＶ</td><td></td><td></td><td></td><td></td><td></td><td></td><td></td><td></td></tr>
<tr><td>B社</td><td></td><td></td><td></td><td></td><td></td><td></td><td></td><td></td></tr>
<tr><td rowspan="2">問4</td><td>ＪＶ</td><td></td><td></td><td></td><td></td><td></td><td></td><td></td><td></td></tr>
<tr><td>A社</td><td></td><td></td><td></td><td></td><td></td><td></td><td></td><td></td></tr>
<tr><td rowspan="2">問5</td><td>ＪＶ</td><td></td><td></td><td></td><td></td><td></td><td></td><td></td><td></td></tr>
<tr><td>A社</td><td></td><td></td><td></td><td></td><td></td><td></td><td></td><td></td></tr>
</table>

第32回

精　算　表　　　　　　　　　　　（単位：千円）

| 勘定科目 | 残高試算表 借方 | 残高試算表 貸方 | 整理記入 借方 | 整理記入 貸方 | 損益計算書 借方 | 損益計算書 貸方 | 貸借対照表 借方 | 貸借対照表 貸方 |
|---|---|---|---|---|---|---|---|---|
| 現 金 預 金 | 6923 | | | | | | | |
| 受 取 手 形 | 28000 | | | | | | | |
| 完成工事未収入金 | 58200 | | | | | | | |
| 貸 倒 引 当 金 | | 1032 | | | | | | |
| 未成工事支出金 | 195068 | | | | | | | |
| 仮払法人税等 | 5600 | | | | | | | |
| 仮 払 金 | 1050 | | | | | | | |
| 機 械 装 置 | 80863 | | | | | | | |
| 機械装置減価償却累計額 | | 51092 | | | | | | |
| 資産除去債務 | | 971 | | | | | | |
| 土 地 | 20000 | | | | | | | |
| 投資有価証券 | 19600 | | | | | | | |
| その他の諸資産 | 33563 | | | | | | | |
| 仮 受 金 | | 2120 | | | | | | |
| 工事未払金 | | 41688 | | | | | | |
| 未成工事受入金 | | 65000 | | | | | | |
| 完成工事補償引当金 | | 823 | | | | | | |
| 退職給付引当金 | | 106124 | | | | | | |
| その他の諸負債 | | 38865 | | | | | | |
| 資 本 金 | | 100000 | | | | | | |
| 資 本 準 備 金 | | 15000 | | | | | | |
| 利 益 準 備 金 | | 3000 | | | | | | |
| 繰越利益剰余金 | | 2000 | | | | | | |
| 完 成 工 事 高 | | 285000 | | | | | | |
| 完 成 工 事 原 価 | 228240 | | | | | | | |
| 有 価 証 券 利 息 | | 400 | | | | | | |
| 雑 収 入 | | 1088 | | | | | | |
| 販売費及び一般管理費 | 30496 | | | | | | | |
| その他の諸費用 | 6600 | | | | | | | |
| | 714203 | 714203 | | | | | | |
| 利 息 費 用 | | | | | | | | |
| 履 行 差 額 | | | | | | | | |
| 固定資産売却（　） | | | | | | | | |
| 固定資産除却損 | | | | | | | | |
| 貸倒引当金繰入額 | | | | | | | | |
| その他有価証券評価差額金 | | | | | | | | |
| 繰 延 税 金 資 産 | | | | | | | | |
| 繰 延 税 金 負 債 | | | | | | | | |
| 未 払 法 人 税 等 | | | | | | | | |
| 法人税,住民税及び事業税 | | | | | | | | |
| 法人税等調整額 | | | | | | | | |
| | | | | | | | | |
| 当 期 （　　　） | | | | | | | | |

# チェック・リスト

| 問題 | 回数 | 第1問 | 第2問 | 第3問 | 第4問 | 第5問 | 合　計 |
|---|---|---|---|---|---|---|---|
| 23回 | 1回目 | 点 | 点 | 点 | 点 | 点 | 点 |
|  | 2回目 | 点 | 点 | 点 | 点 | 点 | 点 |
| 24回 | 1回目 | 点 | 点 | 点 | 点 | 点 | 点 |
|  | 2回目 | 点 | 点 | 点 | 点 | 点 | 点 |
| 25回 | 1回目 | 点 | 点 | 点 | 点 | 点 | 点 |
|  | 2回目 | 点 | 点 | 点 | 点 | 点 | 点 |
| 26回 | 1回目 | 点 | 点 | 点 | 点 | 点 | 点 |
|  | 2回目 | 点 | 点 | 点 | 点 | 点 | 点 |
| 27回 | 1回目 | 点 | 点 | 点 | 点 | 点 | 点 |
|  | 2回目 | 点 | 点 | 点 | 点 | 点 | 点 |
| 28回 | 1回目 | 点 | 点 | 点 | 点 | 点 | 点 |
|  | 2回目 | 点 | 点 | 点 | 点 | 点 | 点 |
| 29回 | 1回目 | 点 | 点 | 点 | 点 | 点 | 点 |
|  | 2回目 | 点 | 点 | 点 | 点 | 点 | 点 |
| 30回 | 1回目 | 点 | 点 | 点 | 点 | 点 | 点 |
|  | 2回目 | 点 | 点 | 点 | 点 | 点 | 点 |
| 31回 | 1回目 | 点 | 点 | 点 | 点 | 点 | 点 |
|  | 2回目 | 点 | 点 | 点 | 点 | 点 | 点 |
| 32回 | 1回目 | 点 | 点 | 点 | 点 | 点 | 点 |
|  | 2回目 | 点 | 点 | 点 | 点 | 点 | 点 |